U0175148

# 类脑2.0:
# 场景变迁理论

星云 著

九州出版社
JIUZHOUPRESS

图书在版编目（CIP）数据

类脑 2.0：场景变迁理论 / 星云著 . -- 北京 ： 九
州出版社， 2023.1

ISBN 978-7-5225-1570-0

Ⅰ．①类… Ⅱ．①星… Ⅲ．①人工智能－研究 Ⅳ．
① TP18

中国版本图书馆 CIP 数据核字（2022）第 231130 号

## 类脑 2.0：场景变迁理论

| | | |
|---|---|---|
| 作　　者 | 星　云 著 | |
| 责任编辑 | 陈春玲 | |
| 出版发行 | 九州出版社 | |
| 地　　址 | 北京市西城区阜外大街甲 35 号　（100037） | |
| 发行电话 | （010）68992190/3/5/6 | |
| 网　　址 | www.jiuzhoupress.com | |
| 印　　刷 | 湖北金港彩印有限公司 | |
| 开　　本 | 710 毫米 ×1000 毫米　16 开 | |
| 印　　张 | 14 | |
| 字　　数 | 117 千字 | |
| 版　　次 | 2023 年 1 月第 1 版 | |
| 印　　次 | 2023 年 1 月第 1 次印刷 | |
| 书　　号 | ISBN 978-7-5225-1570-0 | |
| 定　　价 | 90.00 元 | |

　　本书认为人类文明的核心在于人类独特的脑部结构，其能通过简洁朴素而又庞大的设计，实现存算一体、超低功耗以及超大规模信息处理。在类脑模型领域，脑机接口、脑功能研究已经迈入尝试性应用阶段，部分工业领域已能够模拟大脑运行方式进行程序化驱动，但仍与大脑实际运作相距甚远。本书提出了场景变迁假说，通过混沌分形和图模型映射的方式试图复现人脑的精细化运作，破译人脑运行奥秘，阐述人类大脑结构认知、存储、思考这个世界的方式，并基于此理论完成类脑模型的整体程序化设计和初步应用探索。本书所设计的类脑模型，加强了脑科学知识和程序转化的结合，对硬件要求较小，对训练数据要求较低，具有较强可解释性，采用非线性的混沌方式理解世界，同时支持创新、重构、优化、联想等人类高级思维的能力，并具有较强的可扩展性和兼容性。人类的思维模式辅以机械化的外延，将为社会发展注入新的活力。

　　鉴于本书模型跨领域较多，且构念较为新颖，作者也与多个领域的专家学者进行了研讨，但仍不完全，尚具有较大的延展探讨空间。

本书第一章详细阐述了类脑模型的构建方式及理论基础，通过对大脑各模块的模拟和整体协同，试图达到与人类大脑基本相同的运算模式和后台架构，并且具有一定的自发性思维能力。

第二章对类脑模型的优势进行了概括性的阐述，以避免繁复的陈述淹没设计的初衷。

第三章探索性地讨论了可能的应用场景以及对人类社会带来的可能影响。

希望本书的理论体系能给读者带来有益的启发。

# 目　录
## Contents

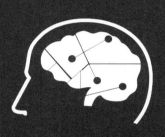

# 第一章　类脑模型的构建

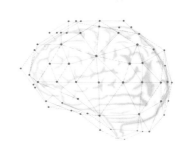

# 第一节　人类思维体系探秘及类脑模型概论

自然的伟大，在于将许多微小事物通过各种简单的组合，呈现出复杂的、令人叹为观止的结果。生物体的构造，其精密程度，足以让最顶尖的工程师和科学家都望之兴叹，其鬼斧神工之处远超人类目前科技水平的极限。而人脑的实际运行模式，则仍然处于迷雾之中，人类难窥其一二。

人类自古对思维有过许多探索。例如在唯物论和唯心论的争辩中，唯物论认为世界是客观存在的，人类对世界的感知是通过外部声光影像反射到五官，再由五官模拟生物信号传递至大脑中，而大脑的思维以及记忆，则是建立在与外部的实时互动基础上的。唯心论则认为，外部世界可能是大脑自主构建的，思维是世界的第一性质，物质是世界的第二性质。当然，还有基于量子学说的反物质世界、多元宇宙、不连续性世界假说，对于人类大脑思考的模式提出了更多的可能性，例如在量子世界中，世界是不连续的，时间也只是一个概念，那又该如何解释脑海中的回忆和我们所观测到的宏观连续性现象呢？目前为止，科学家暂时还没能给出最终答案。而在多元宇宙[①]的猜想中，同样的个体，会演变出无数个不同的灵魂，在相同和不相同之间不断变化，即使在现实世界中，我们也会因为思维结论不同而争辩不已，甚至大打出手。中国古代也有过许多探索，如出现了儒家、法家、道家等诸子百家，在思维方式上都形成了自己独特的理论体系。

是什么导致了同样的大脑却衍生出这许多思维理论体系和差异性结论呢？让我们来探究一下大脑构造的本源，以此来寻找一种合理性的解释，或者说寻找一种可以用硅基技术[②]简单模仿量子级大脑运作的方式。

根据目前的研究，人类的大脑大部分区域都处于激活状态，不同的大脑区域分工负责不同的内容，比如大脑的某一部分负责记忆，

---

① 朱云涛.元宇宙银行体系建设初探[M].北京：中国商业出版社，2022：124—126.

② 郭子政.人工智能——硅基生命的创造[M].北京：科学出版社，2021：16—22.

某一部分负责运动，某一部分负责情绪等。当部分大脑结构受到损伤时，其存在一定的替代迁移功能，即由另一部分负责其他功能的大脑暂时替代受损大脑的功能，有时候这种替代并不完全。在法国，曾经出现过一名由于大脑积水导致大脑萎缩了 90% 以上的公务员，但其日常生活与正常人并无明显差别。也有人因为大脑受损之后，部分功能就永久性丧失。而从大脑的解剖层面来看，大脑的内部结构主要分为灰质（皮质、基底核）、白质（联络纤维、连合纤维、投射纤维）、海马体、杏仁核，主要是大脑本身结构上的区分，并不根据应用功能的不同而有差异。

我们是否可以假设，负责人体各项基础功能的大脑功能区都共用同样的底层结构，根据分工不同进行了不同的学习，而且这种学习仍然在不停地进行，因此才能进行功能迁移。这些应用型大脑功能，不论是并联还是串联，都采用同一种底层逻辑在运作。

经过实体解剖，科学家们发现，大脑的底层结构由神经纤维、大脑突触[①]连接的无数个神经元[②]所形成的神经网络所构成。而突

①　[美]迪恩·博南诺(Dean Buonomano).大脑是台时光机 [M].闾佳译.北京：机械工业出版社，2020：26—29.
②　[意]马克·马格里尼.大脑简识 [M].孙阳雨译.北京：北京联合出版公司，2022：14—21.

触之间的连接，是一种虚接触，可以根据学习情况新增或断开现有连接。130 多年前，神经科学先驱、西班牙病理学家圣地亚哥·拉蒙·卡哈尔首次提出，大脑通过重新安排神经元之间的连接，即突触的方式，来存储信息。

我们通常所认知的信息，大致包括三大类：信息本身、信息之间的关联性、信息之间的伴随关系（这里的信息颗粒度可进行缩放）。通过对比大脑结构，我们比较容易得出，单一信息通过神经元进行叠加式存储，由突触和神经网络存储信息之间的关联性并不断调整更新，由脑电讯号的方向和强弱来决定伴随关系。

要通过机器模拟人类思维的过程，最好的方式自然是从模拟人脑的搭建开始，本书所要探讨的，是一种基于图模型的类脑模型搭建模式，其基础是通过观察学习型算法将历史经验提炼总结后，以神经网络的方式不断堆叠累加，最终形成完全透明且可解释的复杂神经网络，通过模拟脑部运作，可实现经验的积累更新和新增事件处理调用。同一套模型可以应用于大脑整个运行过程，而不仅是局部运算或特定场景，以上便于达到最大限度模拟人脑机制的程度。

首先，我们来构建一个基础单元，来简单阐述机器模型如何模拟神经元、突触和电讯号传递的运作机理。

一是构建事件集，形成时间点 1 的切片 A，假设 A 中包含了一亿个事件，分别记录在不同的点中，每个点同时负责记录该事件相关的信息，包括最近发生次数等，每个点等价于大脑中的神经元；二是形成时间点 2 的切片 B，其中仍然包含一亿个事件，根据实际情况更多或者更少，每个点也代表神经元，在最后组合成大网络时，A、B 中相同的点会被捏合在一起，这里主要为展示先后伴随关系，因此将其置于两个不同切片中；三是尝试构建时间点 1 和时间点 2 之间的切片 AB，AB 中的每个点代表突触，突触连接着触发事件集和后续事件集，突触点实际代表着某一条历史经验规则，并记录着该条经验规则相关的评价参数，规则提炼方法后续会系统性地描述，此处先假定该条规则已被提取；四是根据实际发生情况，在 A 与 AB 的各个规则相关点之间、AB 与 B 的各个规则相关点之间，构建起有向连接。假设 A 当中有 1、2、3、4、5 五个事件，后来导致了 B 当中 5、6、7 三个事件的发生，则在 A12345 中衍生出 5 条线，指向 AB 中的某一个代表了（A12345）事件集的点，然后从 AB 中的这个点，衍生出三条线，分别连接至 B567，如图 1-1 所示，通过边的属性来记录此类事件发生的次数和概率。

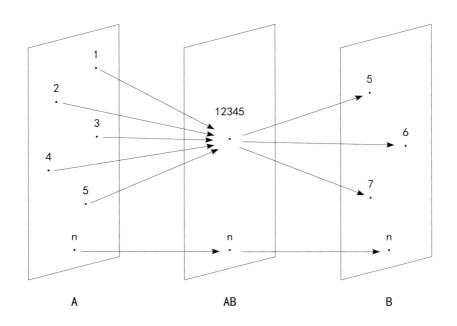

图1-1  事件集记录下的事件发生次数和概率图

通过这种方式，记录下每一个记忆片段，构建起神经元通过突触连接的最小单元，然后将不同的神经元连接单元通过图模型进行连接。A、B中相同的点重合在一起，形成唯一的神经元记录，AB中的突触点做适当的整合和限制，以防止无效突触过多，最后形成一张类似于人脑神经网络的有向神经网络图谱。切片所代表的时间信息记录在神经元的点属性中，先后信息记录在有向线段中，在整体神经网络图谱中不存在具体切片，而是通过相同点的捏总形成一个有机的整体。

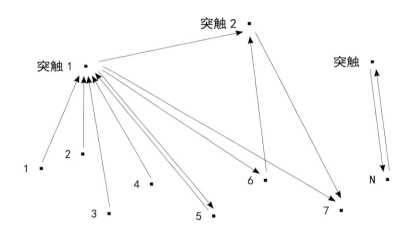

图1-2  有向神经网络图谱

在调用大脑功能处理具体事件时，我们通过以下方式模拟实现：当我们注意到一些事情的发生，比如1、2、3，则通过1、2、3作为起始点，出发寻找相关突触点（即AB切片中的点），然后通过相关突触点记录的条件向量（1、2、3、4、5），反向探索剩余条件事件是否发生，如发生则点亮突触点并追溯至后续 5、6、7，得到的 5、6、7 同样可以作为起始点再次触发探索推理，直至在大网中获得一小片有效的神经网络。对于得到的神经网络中的结果点，通过与初始点的关联度（通过边属性和突触点属性），以及与多事件触发的整体关联度（例如 5 与 1、2、3 均有直接关联，以及关联的点边属性较高，6 仅与 1、2 有直接关联，关联的点边属性较低）等评判标准，来筛选我们所需要的最终推理结论，具体评价标准后文会有详细阐述。举个简单的例子，比如我们看到一只鸭子走在马路当中，我们首先会将该场景中三个关键事件提取出来，一只鸭子、走在马路上、马路当中，然后将三个参数搜索已知记忆库，一只鸭子可能引起很多无关联想，而走在马路上 + 马路当中作为触发条件，能触发大概率被车轧死的后续事件，以及也有可能会需要反向探索该马路是否被荒废等其他触发条件，如一并触发，则最后返回的参数就是被车轧死，这个记忆片段连接起来就是一只鸭子走在马路上，马路未荒废，大概率被车子轧死。

此时我们又该采取何种举动？是避免还是促成此类事件的发生？这就需要提到另外两个模块的建立，大脑情绪处理模块以及行动模块。

　　我们的记忆，通常只是一种整体感觉，而非各个细节的累加，对一段记忆的情绪才是我们最主要的回忆方式，当我们看到一只鸭子被轧死，大部分人会产生负面情绪，并且这种负面情绪会植入记忆片段，促使我们以后避免此类事件的发生。大脑中负责进行情绪处理以及后续控制的主要是杏仁核和突触。通过上述方式构建的神经网络，我们只能知道是否发生，并无法确定是否应该发生，即缺乏判断标准和控制手段。大脑中，杏仁核就是负责在各神经元连接中，处理各类情绪，突触则负责在具体链路中，产生兴奋性神经递质增强电讯号或抑制性神经递质减弱电讯号。神经网络所附带的情绪即是对该类事件的主观感受，是基础单元构建不可缺少的部分。因此，我们在基础记忆单元格外，还需构建条件判断函数，以明确该条链路所带来的影响，并将该影响以数值的方式赋予整条链路，具体方式后续会提到；通过 AB 切片中的点，即类似大脑突触的组成部分，模拟抑制型神经质和兴奋型神经质[①]，通过赋予正负数值，来具体控制链路的选择性和倾向性。

　　行为模块则相对更容易理解，与选择性地判断事件是否发生相

---

① 柯培锋，赵朝贤主编 . 临床生物化学检验技术 [M]. 武汉：华中科技大学出版社，2021：306—310.

同，我们只是选择性地判断行为是否应当发生。当我们通过突触进行了选择，希望去避免此类事件发生时，大脑会将此作为起点，搜索可供挑选的行为清单，每种行为根据历史记忆，都会伴随着一系列后果和情绪，以及该行为发生的其他必要条件，也可以进行多行为联动的迭代预测。通过上述预测模块同样的作用机理，我们能预测哪种行为的结果将带来较大的正面情绪，并最终去付诸实践。在现实中，我们显然不会以身犯险去拯救一只鸭子，但如果是心爱的宠物狗冲上了马路，我们大概率还是会选择去拉一把。

至此，我们就完成了最简单的类脑神经网络图谱原型，还需要配合原始规则库[①]的许多升级才能使其智能性不断提高，这些升级方式后续章节会逐步提到。

本书认为，我们的思维就是基于这一个个神经网络片段的记录和调用来开展的，它既可以记录客观世界，也可以根据记忆塑造一个新的虚拟世界，它存在着无数种可能性，使得我们的思想各不相同，它又具有特定性，通过杏仁核的作用以及外部重复数据的训练，

---

① ［美］斯图尔特·罗素（Stuart Russell），彼得·诺维格（Peter Norvig）.人工智能: 现代方法（第 4 版）[M].张博雅，陈坤，田超，顾卓尔，吴凡，赵申剑译.北京: 人民邮电出版社，2022: 388—417.

使得在部分通用事件上会出现群体一致性。通过生物电①的反向运行，我们能知其然，也能知其所以然，通过线条的粗细变化、点边的数量变化，我们能不断更新着对世界的认知。大自然就是通过这种简单的方式，神奇地创造了具有复杂思维能力的人类大脑。

有了类脑模型构建的大致概念基础后，下面我们就来详细讲述具体的构建方式。

---

① 齐浩然编著.恐怖的雷电现象[M].北京：金盾出版社，2015：54.

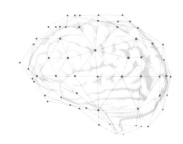

# 第二节　场景变迁理论与其他理论关系的研讨

## 一、场景变迁理论

　　上一节中，我们谈到了模拟神经网络单元的基础构建方式，我们可以简称为场景变迁理论。我们对世界的认知和记忆方式，是将独立的标准化特征及必要的辅助信息记录在无数个神经元中，以突触为媒介，形成无数个标准化特征集到标准化特征集的基础场景变迁，通过脑电信号的方向来决定特征集的先后关系，通过高纬度共用神经元来完成多个变迁场景间的非线性拼接，通过历史实际变迁情况来得到发生概率。这许多个变迁场景联合起来组成了我们的大脑神经网络，构建了一幅完整的世界认知拼图。在调用时，我们通过与当前场景相匹配的特征集（神经元）发送生物电信号，去探索曾经记录的场景变迁信息与当前情境的匹配情况，以形成我们对世界的预判和认知，通过信号弥散的方式形成对所有可能性及发生条件的全面排查，并且可以以场景间共同的神经元为起点或终点，形成连续推理。通过杏仁核对每一个元特征或场景突触进行感情赋予，我们能更"理性"地认知这个世界，形成主观判断依据，结合变迁概率对发散式的可能进行收敛，并通过情感偏好来进行主动行为关联，以更好地改变周边场景。当元特征记录的是一种细微的肌肉变化时，这套神经网络就能应用于行动控制。当元特征记录的是字词的时候，这套神经网络就能应用于语义关联和语言交流。如果主动地去调整神经元与突触的连接，并辅以实验验证和结果判断，就能进行创新和优化。通过神经元混沌<sup>①</sup>放电的模式，能形成自发性的思索。通过个性化设定和混沌随机性，能形成一个个独一无二的个体。

这套理论在模拟我们生活的各种逻辑时，出奇地适应，揭开了人类很多行为的深层次奥秘，我们会有一种顿悟的感觉。用混沌数学推理也能很好地在学理方面进行解释。

---

① 吴小英，陈贠龙.具有环状结构的离散神经网络的混沌性[J].佳木斯大学学报（自然科学版），2019，37(3).492—495.

　　场景变迁假说能通过计算机很好地进行模拟，通过设立高纬度标签来模拟元特征，通过 abcde → llooy 的简单规则记录模拟场景变迁规则。如果用图神经网络将规则库复现，则能更直观地显示出场景变迁理论的"类人"特征。本书后续章节会通过系统性的建模来进行阐述和验证。

　　我们先尝试从混沌分形理论、复杂神经网络、图神经网络的角度，来更好地理解场景变迁理论。

## 二、基于混沌理论的解释和升级

混沌是指发生在确定性系统中的貌似随机的不规则运动，其行为表现为不确定性、不可重复、不可预测，这就是混沌现象。混沌具有以下特征：对初值的敏感性、内在随机性、长期不可预测性、分形性、普适性、遍历性、奇异吸引子[①]等。

### （一）通过混沌理论解释场景变迁理论机制

#### 1. 有限的初值和无限的可能

混沌理论[②]决定了世界的变化是多样性的，正如蝴蝶效应所阐述的，一件微不足道的小事，可能通过一连串事件放大至一场飓风。这说明这种多样性并不是收敛的，而是会出现许多可能性，从数学

---

① ［美］詹姆斯·格雷克. 混沌：开创一门新科学美 [M]. 楼伟珊译. 北京：人民邮电出版社，2021：119.

② 张天蓉. 蝴蝶效应：从分形到混沌 [M]. 北京：清华大学出版社，2022：003—019.

模型来看，单一事件的随机变化呈现一种螺旋态范围分布（分维性和标度律），单一事件的连续变化呈现一种螺旋叠加态。假设第一层的分维数是 x1，第二层的分维数是 x2，第 n 层的分维数为 xn，则第 n 层的可能分布就是 x1×x2×……×xn。如图 1-3 所示（为简易起见，图示用圆圈替代螺旋状，虚线代表微积分叠加后的总范围）。

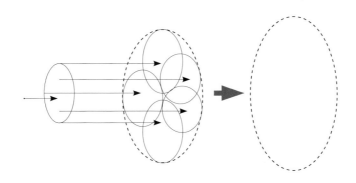

图1-3　单一事件螺旋态范围分布图

多事件共同作用则会出现非常复杂的多因素影响的交集分布。

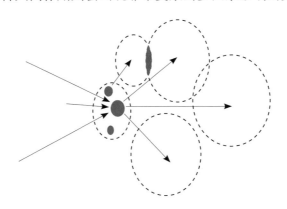

图1-4　多事件螺旋态范围分布图

　　我们在寻找共同性的同时，也应关注多样性。我们的神经元是1000亿级，但后续可能引发的变化（突触）则达到了百万亿级，即使相同的起始事件组合，也会对应于多样的变化，这还是仅记录了部分有价值场景变迁的数量级。任何的初始值组合（如果有交集的话）都有可能对应于无限多的后续可能性。

　　混沌遍历性和内部随机性，使得初值的后续可能变化在一定随机范围内是无法精确计算的。单一事件后续具体场景的可能性概率趋近于零（微分状态下随机范围内分母无限大），即使是多事件组合来计算后续具体场景也是如此，后续具体场景的随机性变化可以看作面，而历史真实发生的事件（训练数据）可以看作有限点的集合，即使再多的点和再小的面相除也是零。通过线性拟合发现的共性特征，实际只是奇异吸引子的复现，如果需用于后续预测，理论上还需乘以混沌分维系数进行分布还原，奇异吸引子并不能直接代表遍历随机性的具体值。

　　混沌世界的预测还是需要用混沌的方法，用点除以面无法得到结论，而由于混沌随机性的存在，我们又无法用点除以点（不可预测性）。那就只剩下一种方法，就是用面除以面。

　　单事件后续的连续变化如图 1-3 所示，仍会以点的形式随机分布在一个更广泛的螺旋中，因此仍然无法得到有效结果。而多事件集的后续随机范围组合因为其复杂多变性，可能会出现多个不同突触的多个结果事件的范围分布交集（如图 1-4 所示），这种交集就是我们所寻找的大概率事件，同一个面被交集的次数越多则发生的概率越大。由于突触也是连续随机分布的，因此结果事件子集合也会对应于突触点的子集合（非图 1-4 所示，图 1-4 中突触中的圈仅代表一个突触点）。

单个多事件变迁场景中，假设两层交集为 x1，x1 发生的概率 =（x1 的面积 /x1 涉及到的并集的面积）×（x1 涉及的并集所对应突触的并集面积 / 所有突触的面积）。由于有可能是多层交集，则多层交集 yn 的发生概率 =x1+x2···+xn。如果只考虑单一突触下的发生概率，则不需要计算突触面积比率。

通过上述方法，我们发现，在混沌世界中，仍有一些变化范围是可计算的大概率事件，而且概率呈现出叠加式的层次变化。

在具体计算时，我们虽然可以通过单一事件的分维性来计算单一事件随机范围，但对于交集情况却无从得知，而且这种组合过于繁多，逐一计算量也会比较大。由于混沌的内在随机性和遍历性等特性，我们可以通过观察交集中事件出现的次数和并集中事件出现的次数，来大致得到该突触项下交集和并集的比值，也就是后文会提到的准确率。突触的概率也可以用类似的方法得到，我们会记录每一个突触的在历史事件中的命中个数和命中率，并且可以回溯对应到具体历史实际变迁场景集，那样，由事件集所引发的所有突触和对应的总历史实际变迁场景集，以及发生了交集事件的突触和对应的历史实际变迁场景就都是已知可计算的。

由于普适性和分形性等混沌特征，通过以上混沌计算方法得到的概率不会再次出现混沌随机性（通常以点代面的计算会因为混沌随机性导致误差），反而能比较精准地代替实际值，我们可以理解为混沌的非混沌性，混沌伴随的是事件而非计算。这种精确性还会根据训练样本数的合适性快速收敛，因为 1/5 显然无法用三个样本来计算得到，至少要 5 个。

场景变迁理论就是通过这种方法，在这无限可能的混沌世界中，通过提炼已知发生的事件集和事件集的概率，较为精确地得到范围交集与并集的比率，很好地处理了这种无限中的有限性。只有多特征的混沌范围的有效交集才能比较好地引导我们进行预判，这种偶尔的交集就以历史实际发生的场景变迁显现出来，并能通过已知事件的发生概率得到量化分布情况。

## 2. 分形标准化与非时序特征

混沌理论认为，每一个历史的连续性场景都是独特的，他所蕴含的一系列变化概率，在累积后，整体复现的概率都会降至极低，因此过长的定式都是不可重复的，具有长期不可预测性。同时，混沌的局部形态和整体形态呈现出一致性，局部和整体都具有长期不可预测性。

混沌分形和普适性，使得我们能将多样化的世界变迁场景标准化，并提炼出标准化的特征，标准特征并不会在放大缩小的过程中丢失任何属性。长期不可预测性，反而证明了短期的可预测性。由于奇异吸引子的存在，混沌随机性对短期变化的影响是有限的。

场景变迁理论认为，人类对世界的认知，是通过抽取出其中短期规律（多次发生的历史场景变迁），标准化提炼特征后通过神经元存储信息，通过突触存储短期标准化变迁规律，并通过高维度的标准化神经元来实现不同规则的拼接迭代，从而实现了标准化的非线性迭代推理预测，解决了原先以时序为唯一连接导致的长期不可预测性。以标准化场景迭代替代时序演变，符合了世界混沌的本质，非线性的推理呈树状发散结构，而基于某一时序的长期演变则是其中的一个具体分支。混沌理论中所指代的确定性系统中的随机运动，也可以理解为场景变迁理论中确定规则集的不确定拼接方式。

### 3. 奇异吸引子与超大规模神经网络的衔接

我们在观察人脑电波的时候，也体现出这种混沌随机的特性。在相对固定的神经网络上的脑电波随机弥散，也正对应了确定初值和不确定可能性的混沌逻辑。而由于混沌吸引子的存在，历史事件会出现范围性指向，这种范围指向随着事件的连续变化，会产生螺旋叠加效应（单次混沌呈现连续的螺旋运动），在发散与收敛间随机发生，但变化的速度仍然受到单次混沌奇异吸引子的范围限制。在局部的多事件并发的范围性指向中，大脑神经网络中突触会记录这种具体场景指向的几种大概率历史可能，辅以情绪判断，主动尝试在范围内进行收敛，从而进行精准预判。幸运的是，在混沌的有限幅度扩散速度和神经网络根据历史概率及情绪判断的不断收敛的共同作用下，我们所对应的神经网络预测相对收敛了很多（部分预测已经能够收敛，但仍有大部分预测处于发散状态，主要由于经验的有限性和混沌的无限性），使得当前的完全不确定和完全不可预知，转变为在历史发生事件集中，有几种比较大的可能性，其中几种比较值得关注，而剩余的可能性，因为其发生概率过低或者没有太大价值，并没有必要浪费过多精力关注。我们所观察到的部分弥散的脑电讯号会进行收敛，比如我们在考试时鲜有交白卷的情况，其余信号则由于衰减而消失。因此我们才能逐渐地掌握并征服自然，而不是像动物一样，整天生活在未知和恐惧之中。但由于经验的有限性以及经验所代表的交集也只是全集中的很小一部分，因此，整个混沌的世界实际游离于人类的理解之外，我们理解的（有限经验）和所能理解的（所有经验）都只是很小的一部分，其余部分只有在发生了之后我们才会知道。

### 4. 阶段性自我验证

混沌本身是具有不确定性的，且由于这种不确定性，可能会被一连串的事件放大，导致结果的极大差异。但我们同样可以认为，混沌本身的不确定性，短期内导致的事件的变化是相对确定的。因此，只要能识别出混沌导致的事件结果的差异，或者其在某一阶段造成的阶段结果的差异（小幅放大后的差异），那由于该次混沌导致的不确定性就可以在后续推理过程中被弥补。类脑在推理过程中，每一阶段都会通过突触反向验证发生条件是否具备，具备才会再次往下推理（人脑通过全方向电信号弥散的方式实现），相当于不断自我修正的过程，使得推理过程一步一个脚印，不断减少混沌随机性的影响。这种方式只能在已知事件集的推理中开展，在假想式推理，或者信息不完整的情况下，我们实际无法得知发生条件是否具备。

## （二）通过混沌理论对类脑模型的优化，增强类脑的自然适应性

由于外在环境的变化和自身行为的混沌属性，使得生物大脑的模拟有时无法用完全相等的数值进行判断，一旦将类脑模型应用到实践中，混沌导致的范围随机性问题就会暴露，使得纯数理化的类脑显得不具备适应性。因此，我们在设计类脑模型时，应充分考虑混沌理论，采用定式计算和混沌判断逻辑，并通过混沌模拟自发性思维。

### 1. 特征值存储方面的优化

基于混沌分形理论，总体分布与局部分布具有相同形态，因此对于独立存储信息的神经元，其所蕴含的混沌随机性，并不会因为后续调用时规模量级的变化而产生明显差异。因此在数字化处理特

征值时，都可以按照标准化处理，调用时再进行放大，从而大幅减少神经元的消耗。例如长度可以记录为 1m，2m……直到无穷大，也可以记录为标准化的 1mm，1cm，1m，然后调用时，同时调用放大数值即可实现全覆盖。

## 2. 调用方面的优化

神经元所记录的特征值，在实际中也会存在细微的区别，有些是由于分类不精准，有些则是由于混沌导致的不可避免差异，使得难以再次精确命中，此时需要采取一定的范围相似判断，例如 90 和 89.9，我们在判断时，是允许存在范围内的随机差异的。差异范围可以作为每个神经元的自带属性，主要取决于单一特征值的混沌分维性。由于混沌分维性较难得知，以及对于历史情况也不完全知晓，当我们可以统一赋予一个范围区间，在对某一特征采样较多时，范围就随之缩小，采样不足或关注度低时，范围就适当扩大。

特征判断条件：

If Min（范围值）< 实际值 < max（范围值），then 实际值 = 特征值

差异范围比例 =（1/ 相同特征个数）×100％

到后期对具体特征值可以进行混沌分维模拟，得到具体的阈值估计，以更精确地计算容忍度。

### 3. 规则评价的混沌处理

直觉实际上也是一种混沌行为，有时并没有直接的已知逻辑推导，来建立当前场景与结果场景之间的联系，或者只有当前场景与另一种结果场景的规则链接。但由于事务发展并不总是遵从于既定逻辑，些微的不可认知的偏差就可能会导致蝴蝶效应，我们并不能忽视由于混沌所导致的可能结果场景变异。因此，我们很多时候都需要通过直觉来获得精准的事实判断。在类脑模型中，这一方式通过以下逻辑实现。

（1）快速假想式推理。在类脑模型中，创新和推理的逻辑和模型是分开的。但由于我们对世界的认知有限性和信息的不对称性，以及混沌造成的不确定性，有时我们需要进行快速假想式创新来辅助推理的过程。我们在初始场景和众多可能的结果场景中，并不存在直接有效的现有规则，我们也无暇去一一尝试建立连接并验证发生概率，我们就采用一定的随机概率加入可能的链路连接中进行计算，并得到能够进行评价的可能性链路，最终指向某一具体结果场景。

结果场景概率判断函数＝已知链路概率乘积 ×max（随机假定链路概率乘积，0.5）

当两个阶段场景有多条链路指向时，则采用 max（单链路各段概率乘积）。

通过这种方式，我们就能得到更多的可能发生场景及其概率，从而达到更接近实际的预测判断。

（2）快速判断。类脑模型中，进行行为筛选需要通过发生概率、突触抑制值、情感值等多层条件判断，当推理链条较长时，这些值的结果就可能会变得比较相近，较难以直接区分。

在数据层面，我们能精确到小数点后几位进行比较判断，但过于精准的历史预判在混沌理论中有时反而是一种不准确的表现。

因此，可以在相近的行为判断中，进行一定的随机挑选，或遵从于某一个评判数值的非理性导向。

通常判断标准＝（突触抑制值＋情感值）发生概率

快速判断标准＝max（突触抑制值）or max（发生概率）or max（情感值）

### 4. 动作结果评判的优化

在行动控制中，如果是已知规则的行为，通过调用历史控制参数即可实现，但在新的环境中进行探索行动时，我们面临许多未知，从哲学的角度来看，我们不可能两次踏入相同的河流。环境参数的变化和行为本身的混沌属性使得结果可能与预想中有一定偏差。如何在既定行为规则体系下，对范围内随机变化进行适应，以及在全新环境中，采取相对最优的探索方式？

（1）随机应变。在类脑模型中，我们采用行为补偿函数和再次计算行为的方式，来应对预判参数的误差。这种行为补偿机制，需要考虑到混沌的随机性和范围性，使得实际偏差较难通过计算的方式准确衡量，因此只会有大致的程度判断。

（2）新的行动的探索。当我们要在新的环境尝试一种新的动作的时候，我们并没有两者之间的固定行为集，我们通过分解动作和分解场景来进行动作的开展。我们根据分解场景和分解动作来得到相似的历史场景的行为集，并实现各场景和各动作之间的连续拼接，但由于对于环境所产生的反映、动作参数设定的不准确性和行为本身的混沌属性，使我们在设定结果判断时，需要给予一定的范围容忍度。

我们根据历史规则设定一条"线"进行运动，但在判断是否需要调用调整函数或重新计算动作行为时，采用范围判断，实际结果即使是一条完全不重合的随机折线（或者是非线性的），只要在预定线的波动范围内，即属于可接受结果，并不需要采取调整动作。

## 5. 规则提炼方面的优化

按照严密的数理逻辑，在全量提炼小样本时，会有一个发散的过程，例如对 300 个场景两两提炼相似规则后，能得到（300×299）/2 个规则，即使去重后，依然呈大幅发散的状态。而二次提炼会进一步放大这一数量级。最后虽然会进行收敛，但计算过程仍有可能会变得无比庞大，且由于类脑模型中列的数量较多（大脑神经元为1000 亿级），所涉及的叠加计算更是庞大。

但我们日常生活中，去判断和提炼不同场景的相似性时，并没有非常吃力，在寻找相似场景进行提纯时，具有一定的随机性特征，在效率和效果上达到了一定的平衡。

在类脑模型中，我们也模拟了这一生物特性，在提炼历史规则时，通过相似度函数（例如相同事件数／总事件数、距离函数等方式）来寻找最相似的场景进行提炼，从而大幅降低了迭代过程的数据发散程度，但又确保了主要信息得以保留。辅以迭代过程中相同规则的去重、情感参数选择（去除低情感规则）等方式，还能达到一个快速收敛的目的。通过一定的混沌计算处理，使类脑模型也能达到效率和效果的平衡。

相似度 = 相同事件数 / 总事件数。

### 6. 个体差异性

在分体训练时，即使共用通用规则库和初始情感设定，依然会产生差异化的分体。正是由于在存储、提炼、调用、识别等方面的混沌效应导致，使得最终结果呈现出差异。但这些差异又能够在一定范围内，使得不同分体间虽然会有不同，但依然能进行通常的交流与沟通。

而确保大致范围内的个体随机差异性，也是我们希望看到的。

### 7. 基于混沌理论的自发性的思索

神经元的触发，除了有外界刺激外，其内部也存在一定的自发性混沌放电，使我们能在安静的环境中也能对各类事物进行自发性的思索和回忆，不同的神经元进行混沌放电的分维度也不相同。

在类脑模型建设时，也可以模拟以上混沌特征，使类脑进一步具有生物特征。对每个模拟神经元，根据情感值设置不同的触发概率，情感值越高则触发概率越高。定期以触发概率为值，随机挑选一定数量的神经元进行触发，点亮相关突触及后续节点后，进行标准化的后续推理。基于图模型非线性整合的混沌原理，能引起记忆与现实的跨时空的交流映射。

## 8. 通过图模型进行非线性拟合

图神经网络[①]对于图结构数据具有非常好的非线性拟合能力，节点与节点之间没有严格意义上的先后顺序，通过图模型拟合大脑神经网络，能较好地符合世界混沌的特征。

---

① 刘忠雨，李彦霖，周吴博，梁循，张树森，徐睿. 图神经网络前沿进展与应用[J]. 计算机学报，2022，12（1）:1—34.

# 三、复杂人工神经网络

人工神经网络经过数十年的发展，科学家提出了非常多的网络模型，它们有着各种各样的结构。大脑中的"神经网络"是复杂多样的，人们至今尚不能完全参透其内部的网络结构，但是这些复杂的神经网络模型却是大脑实现各种功能的基础，所以复杂神经网络模型引起了人们的关注。

## （一）场景变迁理论与复杂神经网络的相似之处

### 1. 尝试模拟大脑结构

复杂神经网络与场景变迁理论都尝试模拟大脑神经网络的构建模式，使其至少在表征上一致。场景变迁理论也可以算作一种观察学习型神经网络。

### 2. 寻找相似特征

复杂神经网络与场景变迁理论都尝试在诸多事件中，寻找共性化特征，包括局部和整体，并作用于后续预测。人工神经网络的泛化能力主要是由于透过无监督预学习可以从训练集导出高效的特征集。复杂的问题一旦转化成用这些特征表达的形式就自然变简单了。

### 3. 通过结果评判进行训练

两种方式都需要根据结果评判进行训练，但训练的模式差异较大。

## （二）相对于复杂神经网络的改进之处

### 1. 底层架构不同

复杂神经网络算法只模拟了千亿级的神经元网络，没有模拟百万亿级的突触，从底层架构上就缺失了重要组成部分。突触是将大脑网络局部化的重要组成部分，失去了突触的模拟，每次就都需要全网运算，每个神经元就要参与到每个事件中，显然不符合实际，运算也不经济。

场景变迁理论，通过突触进行小范围场景变迁片段构建，通过神经元进行场景片段间的非线性关联，既有局部性运算，也有整体性扩展。底层结构上，也与人脑更为相似，包括神经元与突触数量比、神经元的参与度和参与方式等方面。

### 2. 拟合的方法不同

神经网络算法主要提炼逻辑是奇异点拟合，需要大量的训练数据才能得到相对收敛的特征，而在应用时，准确度仍然较差，主要由于奇异吸引子并不能代表具体随机数值。

场景变迁理论则通过最简单直接的相等判断，从细微到全局进行提炼，并不会遗失或歪曲任何事实信息。从而真实地反映历史概率分布。对于神经元参数的随意增减能力，是场景变迁理论算法能实现这一运算的主要优势。

### 3. 低运算量和低训练数据要求

人工神经网络在运算量和训练数据上一直饱受争议，只有在具有完备体系化训练数据的场景下才能够较好地应用，运算量也非常庞大。

场景变迁理论算法运算量一直较低，可能由于程序不完美导致运算功耗要略大于人脑，但也并不会相差太远。叠加式的学习方式，以及提炼式的取其精华去其糟粕，使其对训练数据的要求非常低，而且即学即用。

### 4. 数理公式与类脑模型

神经网络算法，是一种简单模仿大脑神经网络的复杂数理公式。场景变迁理论是一种用计算机模型表达的大脑运行模式。两者从性质上来看是有本质区别的，所蕴含的潜力也有极大的差别。

神经网络算法虽然初步模拟了大脑结构，但并没有模拟大脑对世界的认知。整个世界分布是不均匀的，整体特征和局部特征并不总是一致，全局有效的函数在局部并不一定有效，历史连续性充满了偶然性。世界的变化是线性和非线性结合的，在线性的范围内呈现非线性的分布，而神经网络算法并没有能充分考虑到世界的复杂性、多变性，而是过多强调了面上的数理可能性。

场景变迁理论对世界的认知更为全面，更符合真实情况。基于历史事实构建的全方位规则库，能全面反应世界全貌，天道、地道、大道、小道全在其中，对于局部获得的规则的全局评判贯穿始终。而与世界非线性的契合，在混沌理论中已经有了较多表述，具有天生的契合度。

### 5. 静态和动态的差别

神经网络在输入端已经能做到亿级的参数，但在输出端却是非常简单的。本质上是一种静态的含时序的事件集，到产生某一特定结果的概率统计，由面及点。

场景变迁理论在输入和评判参数之间，额外构建了一层多参数的结果。这使得静态的事件集，变成了动态演变的复杂场景，使得输出结果多样化起来，从而能更生动丰富地概括这个充满各种可能的世界，产生大概率交集，并最终使预测的准确率也会高很多。

### 6. 可解释性

人工神经网络在可解释性方面是比较差的，过多的数学抽象运算使其成为高级数学的圣地，但在运算过程以及运算结果上，都显示出黑盒的特征。这使得进一步的深入研究和推广都存在一定的障碍。超越人类思维范畴的抽象有时也能带来一些惊喜，这也许才是人们真正喜欢人工神经网络的地方。

场景变迁理论则完全相反，在场景构建、共性提炼、思维逻辑等方面，都具有完全可解释性；在结果上，也完全能够进行解释。在可解释的基础上进一步深入研究和应用推广，就相对方便很多。

### 7. 特征提炼的全面性

人工神经网络在提炼特征时，具有一定的排斥性，当收敛于某一个特征时，必然会对其他特征进行排斥。提炼的特征总量相对不完整。

场景变迁理论算法，在特征提炼上，几乎达到了全覆盖无死角，并且还能通过自我学习的机制不断更新。真正能够达到洞悉一切可洞悉的水准。

### 8. 类人性

在研究人工神经网络的时候，我们往往会感叹人类文明的伟大，已经能开展如此复杂规模的运算，同时也会更惊叹于自身的优秀，如此复杂的模型在实际效果上尚不如自己十分之一。

而在场景变迁理论的研究中，我们会经常通过理论体系反哺到人类自身的缺陷，为人类实际上的平凡而感慨。著者在研究印证时，也联动了许多人类习惯的深层次原因，比如为什么会以貌取人、为什么运动时会专心致志、为什么会有代沟等。读者在阅读后续章节时，也可以带着问题进行思索。在类人方面，场景变迁理论实际上打开了一个潘多拉魔盒。

## （三）复杂神经网络的借鉴意义

复杂神经网络已经被探索用于多个领域，作为一种高级人工智能算法，在不少场合的应用具有一定借鉴意义，尤其在底层数据的基础处理方面，通过人工神经网络整合图片、语音、文字等方面的数据标准化经验和成果，是十分值得借鉴的。

# 四、图神经网络

李甜甜、张荣梅、张佳慧在《图神经网络技术研究综述》[①] 中提到，深度学习技术在诸多领域，如图像处理，自然语言理解等领域广泛应用，主要用于处理图像、语音、文本等形式的欧几里得数据。但一直以来深度学习技术对于非结构化的图数据难以高效处理。而作为一类主要描述关系的通用数据表示方法，图能够很自然地表示出现实场景中实体与实体之间复杂的关系，在产业界有着更加广阔的应用场景，例如在社交网络、物联网等场景中数据多以图的形式出现。

受到深度学习技术的启发，2005 年 Marco Gori 等人首次将深度学习技术与图数据结合，提出了图神经网络（Graph Neural Networks, GNN）的概念[②]，使深度学习能够在图数据的相关场景中得到有效利

① 李甜甜，张荣梅，张佳慧 . 图神经网络技术研究综述 [J]. 河北省科学院学报，2022，39（2）：1–13.

② M. Gori, G. Monfardini, and F. Scarselli, "A new model for learning in graph domains," *in Proceedings of the International Joint Conference on Neural Networks* [J]. vol. 2. IEEE, 2005, pp. 729 – 734.

用。GNN 的应用领域十分广泛，包括计算机视觉、化学生物、推荐系统以及自然语言处理等领域。

近年来图神经网络已在许多重要领域得到了广泛应用，但是目前图神经网络发展不够完善，仍然存在一些问题有待解决。第一，深度神经网络通过堆叠不同网络层使网络结构加深，参数增多，以便提升表达能力。但现有的图神经网络结构层次较少，例如图卷积网络（Graph Convolutional Netwok，GCN）在参数较多时会存在过平滑的问题，而限制图神经网络的表达能力，因此如何设计深度的图神经网络是未来的一个重要研究方向。第二，在社交网络、推荐系统等应用场景，GNN 往往需要对大规模的图结构数据进行处理，而现有的许多 GNN 还不能满足处理大规模图的需求。GCN 在使用拉普拉斯矩阵进行图卷积计算时需要很高的时间复杂度及空间复杂度，并且 GraphSAGE、GAT 等模型在更新节点表达时过分依赖大量的邻域节点，计算代价过大。目前主要通过快速采样、子图训练的方式处理。

本书，将场景变迁理论与图神经网络结合，通过累加式的学习模式，将拥有相同特征点的小图不断累加到大图当中，解决了现有图神经网络结构层次较少的问题。通过以特征点为出发点，局部探查的小范围调用模式，实现对大规模图结构数据的简易化处理，避免了整图计算的复杂度。

通过模拟生物大脑的方式构建图模型，不仅十分契合图模型"类人脑"的推理特性，也能有效解决当前图模型应用中的瓶颈。用图模型复现脑信号的运转，也能较好地解释人类创新、推理等活动的开展模式，并进行计算机模拟。

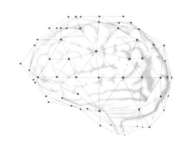

## 第三节　类脑模型的主要模块及构建方式

　　本节我们先来探索对基础神经网络构建后形成的整体网络进行功能性的区分，以及具体功能性模块的模型实现方式，并通过在基础单元上添加必要参数，以形成一个有机统一、但分工明确的整体网络。通过对人体各项功能的模拟和扩展，来反向验证场景变迁理论的有效性以及计算机模拟的可行性。

　　从人脑的运行机制和思维处理过程，我们可以大致将类脑模型的建立分为信息获取及触发、历史神经网络的构建及自学习机制、神经网络的智能化升级、情绪赋予、预测、行为关联、类脑模型语言文本体系的训练和调用等步骤。

# 一、信息获取及触发

## （一）信息的获取

### 1. 直接信息获取

首先是直接信息的获取，人类通过眼、耳、鼻、舌头、皮肤等感觉器官将各类信息转换成生物电讯号后，输入大脑模块进行处理，形成一个个通用型标准事件，将最新信息记录在大脑不同神经元中，然后通过突触建立神经元之间的关系，形成整体的神经元网络。这些信息仅经过最原始的加工，在持续时间、细微程度上较为精密，信息量的具体大小取决于关注程度和五官的敏锐度，但彼此之间相互独立，且并不直接附带隐藏含义，需要通过脑部后续的处理才能形成关联。这些信息有可能直接引发的应激情绪和本能反应。

人类一直在尝试通过观测这些直接信息来更好地了解这个世界，包括用显微镜观察微观世界，通过望远镜观察宇宙，通过各种实验观察预想结果，来建立事件与事件最直接、最有力的联系。在体育运动中，运动员也尝试对直接信息建立路径更短的反应机制，来加强反应速度。人们有时也会很享受直接的感官刺激引发的快乐情感。

我们也会通过各类外部设备来加强五官对于直接信息的获取能力，例如眼镜、助听器等。当本人不在现场，却仍然需要获取实时的直接信息时，就衍生了具有一定自主运行能力的各类外部设备。在虚拟世界中，我们也会通过模拟装置，使得我们能"真实"感受到虚拟世界中的虚拟感受。

人类的五官相比于大脑而言，更难以模仿，例如人类的眼睛天生具有 10 亿以上像素的成像能力，远超目前最精密的摄像机。因此，要获取这些人类千万年来最直接接触、最普遍的信号，反而是目前最为困难的。

目前在机器模拟实观测信号时，信号的采集可以通过图片识别技术、文本识别技术、声音转化等技术手段来处理实时采集到的各类数据，并将之标准化。外部数据实时采集设备包括摄像头、麦克风、热传感仪、红外探测仪、声纳等，并且都会附带一些最基础的信号处理程序，将采集到的信号进行初步的数字化处理。但整体来看，虽然我们已经逐渐迈入数字化时代，很多标准化的事务已经可以全面数字化，例如遍布全城的交通探头，但相比于全量环境信息，我们所数字化的部分仍然是九牛一毛，而且大部分都是基于特定用途的数字化，在各类信息的数字化整合联动上更为缺失。

部分基础信息可以通过各类平台提供的后台大数据更新获取标准化的实时数据，形成标准记忆点，并将同类事件相关标签记录在点属性中，例如何年何月何地发生、何年何月何地再次发生、点属性区间范围等。点的颗粒度粗细，根据需要进行变化，取决于是否需要深入研究，或输入的数据样本是否支持。

为了支持类脑模型的拟人化运作，在直接信息的获取上，在以下方面可以加强建设：

（1）加强不同种类信息的联合获取能力，增强信息间的关联性。

（2）建立信息价值评价标准，防止颗粒度过细或无效信息过多导致的运算及存储量过大。

（3）记录信息的额外属性，防止由于人与机器的感知方式不同导致的信息丢失。

（4）探索特殊信息获取能力，强化人类直接信息获取能力。例如人耳所能接收到的声波范围大概在 20～20000Hz。低于 20Hz 为次声，超过 20000Hz 为超声，均无法被人感知。如果听力下降的话，对频率的感知能力会进一步缩小。但声纳在声波频率接受范围上，具有更高的感知能力。又如在全局视野上，人类受限于自身高度，较难获取"上帝"视角的信息，但通过无人机设想、升降机等方式，能获得很好的观察角度。

（5）研究移动式全方位场景信息获取能力。受限于能源扩展范围和设备自身移动能力，目前的很多大数据都是通过定点方式获得。而人类获取直接外部信息一般是通过移动方式来持续更新，静态场景下直接外部信息获取的范围、分布和角度都会有所缺失，以及更偏向于 2D 信息。

对于新获得未命名数据，也可以先进行命名，并将命名关联相关场景。如果该场景局部特征同时关联到了一些其他语言文字，可以合并起来作为新命名的词典解释。如果后续人为调整该命名名称，则只需在具体神经元上变更命名信息即可。

### 2. 加工后信息获取

（1）除了直接观察得到基础数据外，还可以通过以下方式获取经过初步加工的结构化数据，包括整合各类大数据平台，获取已整理的结构化数据，建立关联主键，进行整合应用；梳理各类散乱信息，进行标准化加工以及初步分析；加强数字化进程，加速非数字化信息的转化。

（2）在底层标签构建的复杂数据集合的基础上，人类独创了语言文字，这是一种简洁的标准化高维标签体系，通过有限标签的固定组合，能够代表世间一切。作为一种高纬度标签，结合有限的发音要求，辅助人类很好地进行知识和经验的传承。部分经验可能从未在学习者的身边发生过，部分知识可能只是一种硬性规定，但仍然可以在不同个体大脑中形成规则体系，并参与逻辑运算。

各种语言体系在表达和记录上略有不同，但都能成体系、全覆盖地、用最简洁的方式表达一切，即使科技发展导致了许多新的、虚拟的、抽象的概念出现，各国语言体系也仅通过新增一两个新的专业名词就完美地解决了新的表达内容及其背后的关联含义；我们通过五官所获取的各类信息，脑中构建的全套虚拟世界，准备采取的所有行动，都可以用语言文字精准、简洁地进行统一。这样一套促成了整个人类文明体系的标签体系，为什么不在机器学习中直接使用呢？也许在过去的各种算法中，还无法直接将语言体系与外部进行有效的关联联动，但在类脑模型中，对语言文字的接收、处理、关联、应用都将变得十分自然，是一种从本源上的契合。

首先，类脑模型中，将每个字符或者基本词语，作为一个基本信息，记载入单个神经元中，记忆方式与人脑一致，所处理的是最基本的字与字之间的关系，以及字群与字群的关系，也就是说，类脑模型对于语言的直接处理可以囊括所有语言的组合。

其次，类脑模型的整体运行方式，极大降低了在学习、调用、存储等过程中并行处理的运算量，使得简单标签产生的无数组合，及其所代表的复杂含义也能得到有效处理，并且与人类大脑语言体系底层逻辑一致。

第三，类脑模型对于语言标签体系，以及其他各类信息的标签体系，采用同一套运行逻辑，相互之间能无缝融合，使得语言不再割裂存在，而是与其代表的含义、所能产生的影响一同存在。

第四，类脑模型对于信息获取、逻辑推理、行为识别，采用的是相同的处理结构，使得语言所应具有的信息表达、行为预设、推理假设等功能能真正起到作用，在一句话中，不仅能通过背后含义的关联表达多重意思，也能在类脑运行的全过程中起到经验传递、直接行为、假设推理等多层作用，语言作为一种媒介纳入了统一的思维和行动体系。

第五，语言体系目前是人类专属，可能是因为只有人类的思维模式和脑处理方式才能处理当前的语言体系，以及人类脑部结构在处理语言文字时表现出以及积累的极为丰富、多样化的处理逻辑和经验，这些都可以由类脑模型直接继承。

第六，语言体系的学习，对于人类来说，并不需要十分高深的预设，语言学只是人类在解析自我的时候创造的学科，在学习语言之初，只需要通过观察聆听即可学会，学习过程中也并不需要强大的运算、完备的各项资料或是严密的逻辑体系，牙牙学语的婴儿也能学会，类脑也完全可以用最简单但又百试不爽的方式去像人类一样学习语言体系，并且能达到从模仿到理解的质变效果。

不得不说，人脑对于语言文字的学习与继承，是与生俱来的，是固化在人脑运作基本结构中的一种特殊属性。因此，在类脑模型对外部信息标准化处理的过程中，像人类一样，以语言文字作为统一的高维标签，强化自身运作、与人类无间隙交流，也是基本可行的。

由于机器所具有的瞬时全记忆、记忆无限大、综合持续运算能力强等优势，让类脑模型模拟人类语言学习过程，可以大幅缩短以及简化学习流程，而且一旦学会就不会遗忘，能持续更新最新表述，并且可以通过简单复制进行传递。在后续运用上，也能达到拟人但超人水平。在某一个临界点之后，还能进行自主学习，而这个临界点，幼童一般在 3 岁左右就能达到。目前的大部分语言算法，实际上并没有能够迈过这个临界点，因为展示的成果依然停留在某一些人类活动的形式模拟上。

要通过类脑模型进行语言学习，首先是通用字库和词库的输入，将每个字或者词作为基本标签，模拟神经元存储。其次，通过问答、文章等训练信息，对字与字、词与词，或字词群与字词群之间的规则库进行提炼，提炼可以以一定数量学习资料为单位，逐步累加规则。第三，通过场景式学习，进一步增加外部信息和语言之间的联动规则。场景式学习包括知识传递场景，主观表达场景，假设推理场景等。第四，根据类脑模型对于规则库的统一优化处理逻辑，进行规则库的优化及更新。第五，通过实景调用尝试让类脑模型开口说话，并根据实际运行以及新增场景，不断加强语言运用能力。具体算法在后续章节会给出。

由于语言背后所关联的场景及含义，有些是需要放在实景中，辅以各类外部数据采集设施才能获取及关联的，在内部封闭环境中，可能会产生训练用的关联数据不全面、学习用场景维度数据较少等问题。在英语学习中，国内此类研究和关联数据已经较多，场景化教学训练视频也不少，可以尝试获取相关资料。百度百科、词典等所储存的信息也有许多可以用于类脑语言体系的学习。类脑其他功能模块的搭建完成度也是语言体系能否完成的关键。

通过类脑学习语言体系后，可以简单地对规则库进行复制，使得人类语言成为通用型机器语言，且相关知识不会丢失，并会根据新输入的场景不断增强语言能力，一旦类脑学会了人类语言，就能开启人机交互的新时代，因为类脑能像人类一样，真正理解并应用语言体系。

### 3. 专业知识信息

对于部分专业领域知识，并不是在目前基础数字化的社会发展水平就能够直接获得数理模型的，知识的转化也相对较为复杂。而目前的编程语言仅经过短短几十年的发展，且主要用于一些简单的重复性设计，能否像人类语言一样转化一切还有待验证。从著者有限的编程知识来看，目前的编程语言，更多的像是高级机械操作手册，离真正的"语言"还有相当一段距离。

既然我们短期内无法将医学、法学、美术等专业知识转化为机器语言，那为什么不让机器学会人类语言，然后学习人类文明的一切呢？类脑模型就是一种很好的尝试。

回顾人类幼童的成长，首先学习的并不是简单重复的劳作或是获取食物、逃避天敌的能力，而是语言体系。最能让为人父母者兴奋的，并不是第一次抬头、第一次奔跑，而是第一次开口叫人，那是智慧的启蒙。在上小学前，尽管我们还一无所知，但已经能流利地进行日常生活用语的交流，并熟练掌握语言的各种功能，甚至能很自然地就学会说谎。而我们也大部分时候没有专门拿着一个苹果在小孩面前反复念叨"苹果、苹果、苹果"。因此，仅通过字的音节发音，和无顺序无主题的日常谈话，以及有限的外部信息（幼儿时期大部分时间都被关在房子里确保安全），就能够让具有大脑结构的我们，学会语言体系，而这也是我们后续上学进一步学习的基础。而这一切条件，类脑也同样具备。

类脑的学习，完全可以模仿这一进程，学会语言体系之后，再学习专业知识学习体系。当跨过了语言体系的临界点之后，类脑的后续学习都将会顺理成章，而且速度惊人。

### 4. 情感以及微表情的识别

对于人类情感及微表情信息的获取，也是非常重要的，因为情感作为重要的自我评判标准，参与了整个类脑的运作，并且是主要逻辑参数，而在与他人互动，或对他人行为进行假定推理时，能有效识别对方的情感也十分关键。

在视频通话居多、肢体语言越来越少的现代社会，通过微表情判断对方意图和实际感受，也越来越重要。

这两项专业领域的研究已经有较多成果，可以直接购买应用，著者就不再过多讨论具体内容。

## （二）信号的处理 [①]

外部数据相对标准化之后，要同时处理这些庞杂的数据，依然是一个不小的挑战。试想长达千万级的字段同时涌来，要放入长达1000 亿级的脑神经元中进行并行运算。而且，我们既无法保证输入的千万级数据构建出了一幅完整的拼图，也无法保证他们是在一张拼图上。而只有一张相对完整的拼图，才能比较有效地激活相关突触，达到有效处理的目的。不断输入的实时数据，也需及时作为新的历史经验进行沉淀，以改善整个神经网络的认知情况。

我们每天接收到的信息量非常大，但在具体某一时刻接收到的信息还是相对有限的，很少有人能时刻保持眼观六路、耳听八方的

---

① 胡三觉，徐健学，任维，邢俊玲，谢勇主编.神经元非线性活动的探索 [M].北京：科学出版社，2019:90—109.

状态，或者达到超人般的阅读速度。即使通过肾上腺素短暂地扩大处理能力，也很难太久。我们所接收到的实时信息，大部分在第一时间被处理或者被忽略，而储存在长期记忆中的信息，则会被作为伴随参数或条件参数被反复调用。

1. 实时信息的筛选处理

对实时信息进行初步筛选，大致可以分为三个先发步骤。

（1）快速区分有效信息和无效信息。

可以将变化较大的、目前正在主动关注的、被列入强制关注信息库的信息视为有效信息。

（2）对有效信息建立快速反应机制，对无效信息仅被动更新相应神经元的状态。

（3）在有实时算力冗余的情况下，进行有限次推理迭代，并将可能未来得及完成的推理迭代情况进行记录，以待后续再次调用或继续推理迭代。

2. 准实时处理

对于仅进行了被动记忆或仅完成了部分推理迭代的信息，通过五种处理方式来解决及时性和有效性平衡的问题。

（1）建立海马体机制。

大脑中有一块比较大的区域，称之为海马体，主要负责短期记忆和处理。其与长时记忆的区别有点类似于计算机的内存和硬盘的区别。类脑模型中，也有必要模拟海马体运行机制，单独设立类海马体模块进行短期记忆数据的处理。具体建立方法后续会提到。

（2）建立并行机制来适当降低重复运算，并确保及时性。

对于所有同时接收到的信息，同时作为发起点去探索能连接到的突触点，然后通过所连接到的所有突触点，反向同步探索触发必要事件是否发生，达到条件则触发，并同时探索后续可能发生事件，迭代推理也尽量同步进行。并行机制能加快处理速度，也能减少部分重复的运算。例如通过 1、2、3 到达突触后，指向 5，如果分别运算，则突触到 5 的线路需要运行至少 3 次，而同步运算后只需运行 1 次。

（3）建立实时推理的迭代条件和评价机制，通过限制迭代次数和迭代停止或继续条件来控制运算深度，提高容错率。

在实时推理中，优先追求可达到路径，其次追求最优路径；当并行推理时某条路径遇到重要节点时，主动暂停其他路径的推理迭代，集中算力进行该条路径的后续推理；适当放松推理评价标准，使得推理更容易得到准确率可能相对较低的结果。

（4）建立快速搜索机制。回忆和联想通常是有意识的主动行为，但在持续处理实时信息时，需要一种更为简单快速的，可无意识自动开展的快速搜索机制，以进一步补充实时信息处理方式。

（5）建立实时信息参数重要性评价机制。关注实时变化较大的实时信息，例如飞速驶来的汽车、快速上升的股价等。根据历史发生情况，预先在强制关注清单外，建立重要性排序信息。对涉及重要新信息的事件予以更多关注。

（6）建立信息收集暂停机制，一般以收集时间为主要控制手段。一件事情的发生，可能涉及许多标签，在实时处理时，可能来不及完全收集，此时设置信息收集暂停机制，并仅对已收集到的信息进行及时处理。例如一名打扮华丽的女性向你走来，一瞬间只能收集到大致着装、情绪，无法细化具体着装内容、配饰信息等，此时就应及时触发信息收集暂停机制。如果已收集到的信息中包含一把枪，就直接触发强制关注信息和快速反应机制，以免被射杀或挟持。

3. 非实时信号的处理

在后续章节会集中讨论。

## （三）信号的存储

人类大脑中有超过 1000 亿个神经元，足以承载各类事件，包括复杂的语言体系，对每一寸肌肉的控制，而随着人类文明的发展，现代人的脑容量相对原始人类扩充了 50% 以上，以承载更多新的事物以及更广泛的认知。而在机器模型中，神经元的数量主要取决于存储容量。如果不考虑存储单元格的限制，即模拟神经元总数的限制，类脑模型在神经元数量、连接线总数上是有多于生物大脑的潜质的。而这种限制，可以通过设立分表、增加有限存储容量等方式尝试解决，从目前技术来看，并不存在代差级的技术瓶颈。

### 1. 信号的存储[①]

我们刚才已经提到了大脑对于信息点的记录方式，以及规则的记录方式，是通过神经元以及突触的多向连接来实现的。在构建底层数据库时，我们先通过最基础的数据表格形式来模拟这一状态。

首先是神经元记录的模拟。我们将数据表格中的纵列字段名理

---

① 胡三觉，徐健学，任维，邢俊玲，谢勇主编. 神经元非线性活动的探索 [M]. 北京：科学出版社，2019:90—113.

解为一个单独的神经元，表格内容则大致表示该神经元记录的内容。由于单个神经元记录的是单一信息，所以通过表格内容单元能进行对应记录，但由于二维表格的二进制信息的局限性，大部分时候我们需要多个列来记录同一个神经元中的信息。由于表格横向和纵向理论上的无限扩展性，也能很好地模拟多神经元的同时记录。

记录事件或规则的表格的具体行，则对应于某一神经元组合，可以是一个事件、一种场景、一个动作、一种感觉，或是一种综合记录。由于我们所认知的所有事物都是通过各个神经元进行构建，所以各种类型的单元都可以通过多标签组合来进行统一记录，使得记忆方式得到了统一。而基于不同标签组合的可能性理论上有无限多种，因此，也能支持在统一的记忆方式下，记录无限多种事务，并能具体拆分、处理。

由于神经元具有单独存储信息的功能，并不总是跟随着具体规则或事件，属于一种独立的信息存储单位，因此，需要额外构建一张神经元存储信息表，作为底层数据表，纵列依然是神经元标签，行内容则记录着该神经元发生的历次时间、最新变化等独立内容。

例如我们平常观察到了一件事情 a、b、c、d、e→x、y、z，我们首先在神经元表中更新信息。

表1-1　神经元存储信息表

| 事件 | a | b | c | d | e | x | y | z | n |
|---|---|---|---|---|---|---|---|---|---|
| 发生时间 | 2022.2.22 | 2022.2.22 | 2022.2.22 | 2022.2.22 | 2022.2.22 | 2022.2.22 | 2022.2.22 | 2022.2.22 | － |
| 发生时间 | 2022.2.1 | 2022.2.5 | 2022.2.8 | － | 2022.2.10 | － | － | 1998.2.1 | － |
| 发生时间 | | | | | | | | | |

以及这些神经元可能需要几张表格联合记录。

表1-2　神经元存储信息联合记录表

| 事件 | a | b | c | d | e | x | y | z | n |
|---|---|---|---|---|---|---|---|---|---|
| 最近一次情感值 | 2 | 1 | 0 | 1 | 1 | -1 | 2 | 3 | － |
| 上一次情感值 | 2 | 1 | 0 | 3 | 1 | -1 | 2 | 7 | － |
| | | | | | | | | | |

其次我们记录下这一事件（表 A 和表 B 列是相同的，此处为省略，实际也可以记录在同一表格不同行中，新增字段进行关联）。

表1-3　新增字段关联记录表

| 表A | a | b | c | d | e | 表B | x | y | z | n |
|------|---|---|---|---|---|------|---|---|---|---|
| 初始特征1 | 1 | 1 | 1 | 1 | 1 | 结果特征1 | 1 | 1 | 1 | 0 |
|  |  |  |  |  |  |  |  |  |  |  |

对于单一神经元，还需记录信息相关内容，例如最近是否有发生、历次发生时间、情绪感知等内容（需根据具体标签内容个性化定义），以使得某一神经元（标签）的状态能够及时更新。由于单一神经元会在多条规则、多个时间段中被多次调用，因此，在后台数据库更新该神经元状态时，应注意全局联动性、历史数据保留完整性、规则调用兼容性、更新数据有效性等问题。

## 2. 规则的存储

基础规则的记录比较简单，我们只需通过一个具体行来记录规则的初始状态（x），来对应到另一个具体行（x1），就可以记录下a、b、c、d、e→c1、d1、f1的基础规则。

基于图模型的表格记录方式，我们可以以基础规则表，通过构建两两的点边关系，来最终获得整个神经网络的记录。通过记录每个神经元与突触点的有向连接（双向），突触点与突触点的有向连接（双向），来复现各种复杂的规则。这里需要在基础规则表中额外构建突触点来代表一条规则，只需记录其发生条件和一些额外判断条件即可。另外需要额外提炼一些用于图模型构建的点边属性信息，具体根据图模型应用软件要求进行计算和记录。

接上例，我们通过规则提炼，发现了一些与其他事件共同的规律，形成突触。

表1-4 基础规则提炼记录规律表

| 表A | a | b | c | d | e | 表B | x | y | z | n | 命中个数 | 命中率 | 准确率 |
|---|---|---|---|---|---|---|---|---|---|---|---|---|---|
| 规则1初始特征 | 0 | 1 | 0 | 1 | 1 | 后续特征 | 0 | 1 | 1 | – | 5 | 30% | 70% |
| 规则2初始特征 | 1 | 1 | 0 | 0 | 0 | 后续特征 | 1 | 0 | 0 | – | 10 | 70% | 30% |
| | | | | | | | | | | | | | |

我们还将一些突触专有信息记录在突触点中（纵列根据不同突触，差异较大）。

表1-5　突触专有信息记录表

| 突触点 | 规则 | 兴奋/抑制值 | 近期被点亮次数 | 代表语序 | 行为集名称 | 情感值 | etc | etc | |
|---|---|---|---|---|---|---|---|---|---|
| 突触点1 | Abcde → xyz | 5 | 1 | 你是好人 | 登录 | 3 | — | — | |
| | | | | | | | | | |

规则的更新后文统一阐述。

### 3. 图模型新增记录

除了在后台表格中进行更新，也需要将图模型的神经网络进行更新，包括可能涉及的一些新的统计信息要求。

由于图模型中点所代表的神经元和突触的信息更新，直接对应于表格中的信息，因此主要是更新新增神经元、新增边、新增突触，模拟人类脑部不断发育的过程，使整个神经网络更为丰富。随着点和边的不断增加，并对无效信息进行不断剔除后，就能得到越来越多的特征点和规则，最终达到或者超越人类的知识水平。

值得一提的是，图模型运算并不需要全程可视化，只是一种抽象的计算方式，因此并不需要时刻保持一张 1000 亿级的神经网络可视化图谱。如果大家的抽象思维能力能完全跳过图谱平台直接进行编程，也是可以尝试的。

### 4. 进行选择性存储

（1）对于推理得到的假定信息也要能够进行存储和清理。

当结果事件作为假设起点再次推理时，在结果点上临时记录假设发生的相关信息，以完成整个假设推理，当某一次完整预测推理结束后，删除临时记录信息。

对重要的假设性事件进行存储，并纳入必要性触发事件的反向排摸逻辑。

（2）对重复性信息定期更新即可，例如我们持续地看到旁边有一块石头，理论上这一信息不间断地持续产生，但并没有必要生成无数条更新信息，定期更新一次即可。

（3）选择性地忽略一部分无效信息，判断标准主要为调用率低、未涉及显著情感、兴奋／抑制程度低的信息。一是降低关注度和记录度（随机比例记忆一些即可）。二是对于基本独立的神经元和突触，一段时间后进行反向评估，如判断为无效信息则予以删除。在模拟海马体中可以多存储一些无效信息，因为可能来不及有效判断，迁移到全量规则库时，则进行相对严格的筛选。

（4）对于已提炼的规则，进行适当合并处理。例如不同时间节点提炼的相同规则，按权重重设准确率后合并。对于基本相似规则，进行合并提炼后，对原始规则进行删除。以及后续会提到的对规则库的整体拆分重构等方式。

（5）有时单个神经元会存储较多信息，对于单个神经元的全量信息，在一个地方存储即可，其余地方设置指向位置。

## （四）信号的读取

通过对规则库的精简（精简方法后续会陆续提到，包括仅记录有情感反应的规则、分拆规则库、不常用规则的旁置、快速反应机制等方式），我们能将行控制在一定范围内，而列则暂时不限总数，但是可以通过建立适当的分表机制，来加速对某一具体列的索引。例如我们现在大数据处理时，大部分数据都以分表的方式存储，但会留下主要关联列以进行匹配。

当我们获取到一个场景时，比如获取到了该场景下 12345 五个特征值，我们可以通过分表索引的方式迅速找到这五个特征值所对应的列，然后可以采用并行或串行的方式筛选出同时含有这五个特征值为"发生"的行。这些行就是我们所要找的可能发生的后续事件的对应规则，读取这些规则中存储的所有发生条件，再次根据这些事件是否发生对行进行剔除，事件是否发生可以采用串行方式读取，如发现某一事件未发生，则无需继续读取其他事件。就能得到已经具备发生条件的可能预判，此时已经完成了信息的读取。后续还需根据规则所记录的一些其他信息（后续会提到），进行一些非常简单的运算，以进一步挑选出我们实际想要的规则。

如果需要连续读取，则将第一层最后得到的发生信息作为起始点重复上述动作即可。

对于一些经常被索引到的特征值，可以动态放入优先检索的表格中，以进一步降低运算量。对于一些经常出现的场景，我们也可以事先关联一些优先检索的列，以及规则分库，加强快速检索能力。从目前比较常用的搜索引擎效率来看，特征信息的锁定并不会存在明显障碍，效率主要取决于搜索范围。

在图模型中，表现为锁定某几个具体点之后，发散寻找同时连接到的第一层突触，然后从突触反向探查连接到的其他发生条件的点是否有近期发生记录，有则点亮突触。用图模型的方式在连续读取方面效果较好，因为并不需要重复锁定新的点，可以直接从突触中再往下延伸一层即可。点的相关信息也较容易获取，因为图形自带。如果采用后台数据库，可能还需关联至点信息专用表格去读取。

由于有海马体的存在，我们通常的信息读取都是以海马体的新增事件库和新增规则库，以及快速反应规则库为快速读取范围，或者适当扩大至通用规则库，相关行和列相比整体库来说，要明显降低，进一步加强了特征值锁定的速度。一般只有在较为复杂的推理时我们才会去全库中全量搜索，此时即使人类也会支吾半天，绞尽脑汁，或者一起开会研究半天。有时我们会碰到反应比较慢的人，有可能并不是处理速度不行，而只是双方的通用规则库不一致导致的。

# 二、历史神经网络的构建及自学习机制

## （一）通用规则体系的建立

我们通过大脑中的神经网络记录下了世间的一切，不仅如此，我们还能对事物的来龙去脉、宇宙的本质进行深入思考，对于未发生的事情进行假设推理，通过语言进行全领域无障碍交流，共同分享和构建同一套假想世界。这一切都归功于脑部结构优秀的处理和记忆结构，尤其是通过生物结构实现抽象概念的运作能力。

通过模拟脑部神经网络运作，本书认为，类脑模型中最基本的就在于 AI 规则库的建立，并模拟大脑神经网络的存储方式，后续基于其上开展调用、更新、升级、功能分区、应用场景结合等步骤。本书将对具体的建模方式进行阐述，帮助读者真正将其落地。

存量的通用规则库的建立主要分为两大步骤。

### 1. 规则的提炼

（1）划分小样本。通过划分小样本，我们能更有效专注地进行事务的处理，不仅在于认知层面，有时在具体处理时，我们也会专注于某一个小样本进行运作。例如我们在上班时沉迷于工作，其他事情一概不闻不问；学习时，脑海中只有学习内容和相关专业知识，废寝忘食。

小样本是我们处理事务最基本的场景，因此，小样本的划分还需满足全覆盖性，可以重复，但不能有缺漏，不然就会成为生活中的盲点。假设我们对过去的一分钟完全没有进行任何记录或处理，如果不是因为昏迷失去了意识，那将会变得非常可怕。

人类的成长过程中，我们通过三种方式划分小样本。

1）定期总结新增事件集，形成新增事件的小样本，例如孔子的每日三省吾身，就是把一天发生的事情分成三个小样本进行处理；我们每次上课进行学习，就是把一节课内新学习到的内容作为一个小样本；和一个人打完一通电话，就是把电话期间新了解到的内容作为小样本。

2）根据相似事件划分小样本。我们会定期总结某些相似事件的规律，来加强我们对世界的认识，比如我们会把生物分为动物和植物，动物中又分为哺乳动物、恒温动物等，这是一种事先的假定分类；又比如我们在推理办案的时候，会根据犯罪特征，找到一批犯罪嫌疑人，逐一排查具体实施犯罪的可能性，这是一种临时性的相似分类；又比如我们在宴会上，会随机组成小圈子进行聊天，并且不断组成新的谈话圈，这是一种随机尝试性的组合；考试的时候我们会实时回想过去做过的相似的题目，这是一种精准匹配划分；初次见面时我们会大致判断对方所属社会角色，这是一种不太准确的快速划分。划分小样本的方式还有很多，划分依据也各不相同。

3）被动划分。在学习或工作时，我们有时会根据场景要求，在不明所以的情况下将某些事物划分为一个小样本，并进行分析比对、衍生推理。

划分小样本，同样需要作为类脑模型建立的起点，类脑模型的算法是基于实际经验的不断累加，形成基础规则库，然后经过后续对基础规则库的整体升级和优化，来模拟高级人类思维活动。机器的学习训练，同样需要日拱一卒。

（2）对小样本进行变迁规则的总结提炼。构建完小样本之后，假设该小样本切片 a 中有 300 行、10000 列，后续变迁至切片 b，暂时假定行和列不变（变化也不影响我们的算法）。我们需要对其中的相同规则进行提炼。由于样本中列是代表信息标签（神经元），有可能会扩展至千亿级别，而行的数量可以通过小样本的划分精细度来进行控制，因此，我们的计算应该主要围绕行来开展。

1）我们先提炼最基础的规则，确定两个切片中行演变的一一对应关系，如果未能找到另一个切片中的对应行，说明这是一个静态事件，予以剔除；如果找到多个对应行，则进行自我复制直至一一对应。然后我们得到 a、b 两个先后切片中，所有行的演变规则【a1（10000）→b1（10000）；a2（10000）→b2（10000）；an（10000）→bn（10000）】。通常情况下，会有唯一主键，所以对应关系并不难确立。假设我们找到了 300 条对应规则。

2）将 300 条基础规则进行两两配对，得到第一次规则层面的全量提炼结果。根据组合结果，大致得到 40000 条左右的数据。这 40000 条数据的标签信息，仅记录两条基础规则共同触发的列（神经元），例如 11100 和 00111，则新的提纯规则记录为 00100。由于此时已经可能产生了重复数据，可以在下一步运算前进行去重。对阶段性规则保留，这些也是实际有效规则。

3）将 40000 条提纯后的规则进一步两两提炼，得到更为精简的批量变迁规则。由于此时基数已较大，而且是对已处理的数据的二次处理，因此需要用一些数学方法来提高运算效率。我们通过构建相似矩阵，计算两两间的相似度，挑选最相似的一条或几条来提炼规则（几条是指相似度从高往低排的前几条，不是指同样相似度的），同样仅记录共同触发的列。如果找到相似度完全相同的几条规则，可以逐一提炼规则，例如1找到234三条相似度完全相同的规则，则得到12、13、14三条提纯后的规则。对于新得到的提纯规则进行去重，保留阶段性规则。

4）迭代。由于上述算法在行和列上的迭代都会快速收敛，样本量本身也不大，因此在算力足够的情况下，可以考虑迭代至收敛完成。算力如果受限，则进行一定的迭代限制。

5）将小样本得到的所有有效规则纳入一个总的规则库，进行再次去重。

（3）对小样本总规则库进行评价及适当优化。

1）建立规则评价体系。通过上述方式得到的变迁规则，都是从实际数据中得到的批量变迁行为，分别从2条、4条、8条……中得到，这些规则在整体样本中的有效性仍需进一步计算。

我们对每条规则建立三个标准评价参数，并作为后续各项处理的主要依据：

① 命中个数：探查基础变迁规则库（例如上文中的a1（10000）→ b1（10000）…… a300（10000）→ b300（10000）），初始状态中，

包含了该条规则中初始状态的样本数量。

② 命中率：命中个数 / 总样本数。

③ 准确率：探查在命中的基础规则中、后续状态中，包含了该条规则中后续状态的样本数量。准确率 = 获得的样本数量 / 命中个数。

以上三个参数分别代表了该条规则在实际样本中初始状态发生的次数、初始状态发生的概率，和发生了初始状态后又发生后续状态的概率。

2）规则分布初步含义：命中率高，准确率低，属于异常事件；命中率高，准确率高，属于通用事件；命中率低，准确率高，属于特殊事件；命中率中等，准确率中等，属于批量事件；命中率低，准确率低，属于特殊个案。

通过对于命中个数、命中率、准确率具体数值的组合筛选，我们能初步得到我们想要的规则。

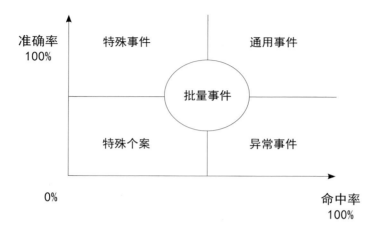

图1-5 规则评价体系表

（4）对总规则库进行优化。

对小样本进行处理后，我们还需将其放入总样本中，形成通用规则库，毕竟我们虽然专注于当下，但生活仍然是一个整体。

小样本中的规则，放入通用规则库后，需要按照总样本计算命中个数、命中率、准确率。因为小样本中的数据分布与总样本的数据分布不一定相同。当然，为了解具体规则在各样本间的表现情况，我们也可以在多个分样本中计算评价参数。

对于在相同样本不同时期有不同表现的规则，分别记录其不同时期的评价参数后，可以按照初始表现、平均表现、最近表现来加权得到整体表现，权重可以按照 30%、30%、40% 设立，也可以适当变更。这一权重主要依据人类对于历史事件的评价印象，根据研究，对一件事情的初始印象、平均印象和最近印象，对于当前印象的整体影响为上述权重占比，因此本书的权重算法参照上述研究设立。

由于在小样本中分别得到的规则体系，遗漏了跨样本存在的规则，但整体计算总样本规则又不具有可能性，因此可以参考人类分样本的第 2 和第 3 种方式，在总样本中再次细分出不同种类的小样本，然后进行处理。对于反复得到的规则，在总样本中直接去重即可。

此时，我们就得到了一个完全基于历史事实、基本覆盖了全量有效信息、提炼了大部分批量变迁规则的整体规则库，并通过模拟人类大脑对信息和规则的记忆方式进行存储。

以这种方式建立规则库，避免了大数据量的并行运作，并能够进行有效的实时更新，但由于计算机表格的行和列的数量，暂时无法像人类神经元一样拓展至千亿级（部分超级计算机可以），我们仍需对规则库进行进一步的处理，使得二进制硅基类脑能更好地模拟4 进制 DNA 构建的碳基大脑。但这些处理并不影响类脑对大脑其他功能的模拟，仅是为提高对表格的运算效率。

同时，基于基础规则库，仍然需要后续升级，毕竟人类大脑的活动并不仅限于记忆与提炼，这些后续会逐步提到。通过一些简单的算法就能达到相同的效果，有些甚至会产生意想不到的效果，比如上文通过对整体评价参数的定期更新，就能有效解决困扰人类许久的代差沟通问题。

### 2. 通过图模型建立拟态神经网络

有了基础规则库，我们就可以通过图模型，拟态构建神经网络。构建图模型并不仅是用于可视化展示，最重要的是能根据图模型的各项算法，直接模拟大脑的实际运作，减少了二次翻译可能造成的损失或偏差。同时，能大幅减少并行运算量，以及提高反应速度。

（1）根据标签捏总处于不同规则中的各个神经元（标签），形成唯一点。模拟出大脑中最基础的信息存储结构。并且达到更新一处，全局更新的效果。

（2）通过两两间基础线段的描画（神经元与突触、突触与突触，详见规则存储章节），构建出多维立体又十分简洁的信息传递关系网。最终得到的神经网络图与大脑神经网络结构基本完全一致，功能也类似。

（3）模拟大脑生物电讯号的发出、弥散、流转等方式，通过图模型运算原理，形成类脑模型的调用、评判、推理等运作方式。例如模拟大脑神经元产生电讯号，通过突触弥散的方式，我们通过具体事件触发的标签（神经元）作为起点，去关联相关突触（即规则），然后反向探查点亮规则所必需的标签是否达成，以及正向关联后续事件涉及的标签集，实现完全相同的思维逻辑和线路。这种调用模式在图模型上就十分容易模拟以及实现，也十分容易理解，通过其他方式则不会那么精准拟态，可能会存在一定的偏差。在人类对脑部的研究还未能达到全知全能的情况下，任何的偏差都可能导致不可知的后果，应尽量避免。

（4）在存储和运算上，目前生物质大脑和本书提到的类脑基本相同，但由于材质不同有细微差别，这些上文中已经提到，根据图模型与生物脑运行的实际情况对比，可以比较直观地观察到差异和进步，不断扬长补短，直至达到或超越。

但图模型拟态的方法只是一种抽象的映射和计算方式，尤其当特征参数发展到10亿以上程度时，只需参考图模型对大脑运行的映射运算方式，不拘泥于具体实现语言。

## （二）特定规则体系的建立

### 1. 规则库的拆分和调用

当规则累积到一定数量，并且形成一定体系后，可以对通用规则库进行适当拆分和索引检索，构建特定规则库。比如人类在运动时十分专注，一般不会思考运动以外的事情；在不同专业领域间切换时，也有种切换频道的感觉。通用规则库也可以模仿这类脑部处理行为进行简单的规则分类，以防止全局检索运算量过大以及命中的无关规则过多的问题。但各分类规则库之间并不是完全割裂的，通过导引规则，扩散检索等模式，可以进行联合统一。

这里指的调用、导引与屏蔽相关规则库，主要是指神经元被激活后，主动去寻找的突触集合的选择上，并不是指屏蔽相关神经元的激活。因此，即使暂时屏蔽了某个专业规则库，但如果触发了相关神经元，且当前选择库中没有或没有合适的突触，仍然可以及时激活屏蔽规则库，并不需要主动进行开关，而是一种默认备选项。从外部来看，可能会显得反应慢了一些，毕竟有时是完整搜索了当前已调用规则库之后再去自动激活的；有些屏蔽规则库的调用，也可以采用提及即调用的方式，来进一步增加反映时间。在具体场景需调用规则库预设比较充足的情况下，一般不会频繁出现此类问题，比如优先调用中文作为处理体系，基本已能涵盖所有的主动表达需要。如果算力足够，也能有效弥补调用新规则库的时间，从而在预设充足性和效率性上取得较好的平衡。

部分规则库的调用可以作为预先选择，个体在识别具体环境后，可以倾向性地主动选择调用主规则库。例如在中国的球场踢球，可以优先调用中文语言规则库，暂时将其他语系的规则库的主动探查功能屏蔽，如被动激活则重新启用调用。比如要传球警示队友时，优先挑选中文表述，而不调用其他语系，但当听到一句英文表述时，则通过英文神经元进行相关探查活动的同时，启用英文语系规则库。踢球时也应优先调用足球相关规则库，一些篮球动作显然不会使用。足球运动规则库与中文规则库同时被选中时，也会产生交互作用，比如语言表述会优先遵从足球场常用语规范，可以有预设的专门规则库，也可以是语义关联场景中与足球关联性较高的；调用足球动作时，也会优先选择与中国足球规则相关的，不同国家和地区的足球风格不尽相同，对身体的控制规则也有不一样的范围。

部分规则库的调用以被动激活为主，包括备选激活和提及激活。备选激活是当前规则库无法满足的情况下进行回溯激活，提及激活是神经元无法直接触发任何有效突触或仅触发了引导规则库时进行激活。例如进入一个完全陌生的环境，我们没有足够的信息去预设任何专属规则库，此时根据收集到的任何信息，去被动激活相关信息点亮的规则库。又比如在随意交谈中，对方谈到了一个新的概念，在当前交谈使用的规则库中没有合适的信息，或发现通过现有的导引规则能大幅提升匹配度，则被动直接激活相关规则库的主动探索，而无需等现有规则库完全搜索后才去调用，同时也为接下来可能发生的调用做好准备。备选激活只有在主动进行预设的情况下才会发挥作用，当我们想要专心做某一件事情，或所处环境希望我们专注于某一领域，例如刚才提到的踢足球，我们就预设优先激活相关规则库，屏蔽其他无关规则库，只有在当前规则库无法满足的情况下，才会去调用其他规则库，而且除非频繁调用，否则其他规则库的调用仅单次生效，调用完成后，如果主观预设仍然没有改变，则继续屏蔽。

## 2. 通用数据库

为了确保类脑的基本运作，我们仍有必要维持建立一个始终激活的通用数据库，而且容纳能力较为广泛。如果无法确定是否要纳入专业数据库，则放入通用数据库。一些与基本运作相关的规则，只能纳入通用数据库。对于频繁调用的专业规则，也在通用数据库中备份。快速反应机制、实时数据的处理也应纳入通用数据库，可以设置优先调用级。

通用数据库的调用是最优先级的，是类脑模型的本体，而不是由分门别类的各类索引规则和专业知识库所组成。通用数据库相对较为庞大，只有在通用数据库过于庞大时，我们才有必要去建立专业规则库。通用规则库相较于专业规则库，能更好地进行综合处理和多方面考虑，使得类脑更为人性化。

通过不同的通用规则库，有时我们也能对类脑分体进行个性化定义，因为其中的规则会是优先想起的规则。

### 3. 索引型规则库

（1）目录式索引规则库。

对于某些比较复杂的大事件，我们习惯于遵从于一些固有框架。比如要进行公司治理，我们首先想到的是要有人力、财务、营销、后勤等部门，然后是各部门的治理框架，逐一下探后，才会具体到细节操作。

　　此时，我们有必要建立类似于引导树式的纯粹的索引规则库，来进行一个更好的指向，以及不会产生遗漏。索引规则库需要设置是否规则库路径全部走完的判断条件，如未走完，则后续将继续主动触发。索引规则库本身也可以仅作为一条规则存在。

　　由于我们可能涉及的各种事件纷繁复杂，而且大部分会涉及框架步骤问题，因此索引式规则库既是一个个独立的规则库，也融入整体的突触体系中，是作为一种特殊的突触，在整个神经网络的各处都出现的，用以规范局部的运作。

　　（2）嵌套式索引规则。

　　部分索引规则主要起到引导作用，比如民法典的调用索引规则，当涉及某些内容时，规则不直接产出结果，而是进一步指向民法典专用规则库。这一类规则无需单独建立规则库，而是代替所代表规则库的内容嵌入各类规则库中，主要起到简化统筹规则库大小的作用。

　　如果引导规则被反复调用，也可以直接将相关规则库加载进主规则库中，提高直接处理效率。如果引导规则被调用后，专业规则库中某些规则被重复调用，分布不是很广，则将相关规则复制进主规则库中，提高处理效率。这一算法在硬盘存储领域已经被广泛使用。

（3）专业知识规则体系的建立。

根据上述的索引规则库和索引规则，我们可以建立许多专业规则库，以更好地模拟人脑实际运作和再现人类文明，在类脑模型的博学和高效处理上取得一个更好的动态平衡。

1）基于语言体系的专业知识规则库。语言规则库与其他规则库联动较高，自有体系较为庞大、复杂、独立，且可能同时有多套语言体系同时作用。因此有必要就各语种建立专门的规则库，同时，就语言可能涉及的专业领域，参考其他专业规则库的建立，也设置细分规则库的建设，并设置通用常用语库。一旦选定了优先调用的语言体系，以及谈话范围时，应将相关规则加载入直接调用的主库中，而无需再次索引，如果谈话范围暂时无法确定，则直接加载通用常用语库，采用提及调用的方式加载专用语库。

2）基于专业领域的规则提炼。当在某些特定环境下，某些规则体系被明显反复调用，其他规则体系未被调用，而在这些特定环境以外（也可以简单根据时间段加差异场景来确定），这些规则体系被调用次数明显减少或基本不涉及，则可以作为专业规则库建立的触发条件。当然，也可以根据已知的知识文明体系，对例如法律、医学、工业等领域建立专业规则体系，而无需根据现有规则体系和调用次数来划分。

当某一专业规则库被建立后，一是将现有相关规则动态调整纳入，防止误入或者少入；二是对于被经常调用的专业内容，复制一份至通用数据库中，以增强调用效率；三是对于专业知识库，主动寻找相关资料进行规则补完。

3）行为规则库的建立。需要增加辅助评判参数，行为不同于一般规则。首先，行为大概率是一个行动集，划分的过于细致的行为能便于操作但综合效果过于有限，因此需要在可操作和最小效果有效间找到平衡，因此需要通过行为集的组合，某一个行为的实施可能本身就对应着很多细小动作不同的组合；其次行为需要固有开展条件的判断，这些条件需要事先与行为相关联，比如我们要举手，首先要有手；第三，行为需要有不发生的固有充分条件，比如扣扳机，具有不能瞄准人类的不发生充分条件；第四，行为应事先关联刺激性条件，成为判断行为是否发生的重要评判标准；第五，行为动作应关联本身固有会产生的影响，比如说话会产生声音、举手会导致能量的损耗等，相关结论可以进行数字化细分；第六，行为具有程度划分，并不是一个标准动作，不同的程度具有一定的共性和不同性，因此需要作为一个重要参数记录。这些都应事先与具体行为相关联，而不是在具体场景中去重复探查。

行为关联到的场景信息也较一般静态场景更为丰富，由于行为会导致变化，因此需要关联行为可能产生的前后场景。但他又不同于突触，一是行为是主动发生的，而突触是被动出发主动筛选；二是行为只是引发场景变化的一种很小的可能性，同时，同一种行为，可能会关联很多先后场景。

4）经验规则体系的建立。人类在成长过程中，离不开直接的教导。部分社会的硬性规定，部分已知的较优行为集，部分道德伦理层面的行为准则，都应由人工直接赋予规则，可以自主设置准确率，以及有效期。完全依靠自主学习，将会变成一只野猴子，纵有通天本领，也无法融入人类社会。

有些社会规范实际上并不是最合理的，可能是由于历史原因遗留下来的已不太适应的传统习俗，但当触发这些规则的条件满足后，一旦未能在形式表征上趋于一致，就会引发群体性排斥。

有些规则通过直接教育的方式，能使得处于成长期的类脑更快地搭建起有效的回路，包括说话方式、法律规定、社会规范等我们所必须遵守的行为要求，以及通知条例等临时性措施。通常我们通过语言文字的形式对此类广泛性要求进行传播，从古代的四书五经，到现代的法律条例，还有民俗歌谣、奇闻逸事等，都离不开语言文字体系。由于涉及的内容巨大、领域较多，对部分要求进行直接规则赋予还有可能，但要涉及全量，并进行实时更新，则需要通过与类脑以语言文字为主键，整合梳理相关要求及匹配场景，而不是以代码为主键。比如我们赋予的规则为"在过马路时，绿灯行、红灯停"，并且通过各种方式赋予过马路的特征识别，红绿灯的特征识别，后续类脑在调用时，可以通过场景相关信息，触发相应文字，然后触发行或停的行为规范。

行为规范与具体行动还是有一定区别，是作为各种行为的优先挑选标准。我们每个人对行为规范的感受是不尽相同的，而行为规范可能遇到的特殊场景也不胜枚举，因此灵活设置对遵守和违反行为规范可能带来的情绪反应，能较好地在遵守和突破间找到合适的平衡，并纳入整体情绪判断机制。

5）历史规则库。对于有效性较为久远，当前环境准确率已较低，且近期调用极少的规则，可以自动纳入历史规则库，纳入后暂时不用更新最新的规则参数评价（当前普遍为 0），只需记录特定时期的有效规则评价即可。

由于历史经验规则库仍然有可能会被调用，且随着时间的积累，其数量会非常大。因此仍然可以按照现有的规则库体系，按历史时期进行保存，以便于寻找。

由于在规则排摸时，是通过全覆盖式的方式，因此会得到一些无意义规则，在历史经验规则库中，对于此类规则可以选择性地遗忘。主要通过评价参数确定记录范围。

对于近期的规则，如果调用率较低，或能引发的情感、兴奋 / 抑制值相对较低，或发生概率较低时，也可以归入当前时期的历史规则库，以减少通用规则库的运算压力。

事件库也可以按照上述方法定期归档，防止有效事件库过大。

6）其他专业知识库可能还有许多，本书就不一一列举。

## （三）不同体系规则库的整合

不同的专业规则库对应的表格建立要求并不完全相同，但并不会造成全局不一致性的问题。我们调用行为的时候只会去行为相关规则库，调用语言的时候，只会去语言相关规则库。只要调用返回的参数能进行统一处理即可，具体规则库的运作模式，遵从相关专业规则库的设置。

专业规则库之间应能建立广泛的细节连接，比如语言可以直接关联行为，经验规则需要关联语言等，彼此间虽然互相独立，但应能建立起错综复杂的各类联系。虽然表格可能不同，但共同类脑的统一存储结构和关联方式（神经元和突触），因此可以达到独立和统一的完美融合。不组合实际就无法理解真正含义，以及无法通过语言体系有效传达。

为加强处理效率，冷门规则库可以采取一定的旁置和重新调用措施；部分经常被点亮的规则可抽取至通用规则库。冷门规则库在归档前，留下几条导引性规则，x 为该规则库的主要标签，y 为调用该规则库。导引性规则的建立触发是人工和自动化混合的，具体建立可以是自动化的。

重复和无效规则的剔除和归并，应贯穿始终。除了基于规则本身的考虑之外，也要适当适应硬件环境的配备限制，通过对规则库的精简来提高有限算力、存储和可用能源的最优化应用。由于有后台母体的存在，独立的分体想要重新掌握某一领域的规则并不复杂。

## （四）新增事件的学习以及类海马体的建立

当发生新增事件时，需要新建、巩固或重塑已知的网络连接，形成新的神经网络；同时也要兼顾实时处理效率，建立临时处理机制和长效处理机制。

对于新增神经元，即发现未知事件，可以在整体规则库中同步新增一个字段，现有规则体系仍然保持不变，后续规则体系的新增按新的标签集合提炼提纯即可。因为未出现过的标签，并不会影响过往事件规则的提炼结果。

如果需要回顾提炼历史中含有该神经元的字段，则只需筛选该神经元发生的场景作为集合，划分成小样本进行提炼。也可以通过场景的情绪值来确定提炼的优先级，防止运算量过大。

部分外部经验的获得，可以通过规则直接赋予的方式；部分外部经验的获得，需要通过人为新增神经元，然后自动识别规则的方式。或者两者兼备，例如法律知识的学习中，我们就要对一些定义进行神经元的新增，然后对于定义的组合规则，进行人工赋予。

如果能够通过语言直接向类脑传达神经元赋予和规则赋予，学习也会快速很多。这就涉及通过语言文字启动一些固定的程序，因为此时变更的是类脑自身数据库，实现自我编辑，与一般的人类行为不同。由于规则在调用过程中还会经历许多评判逻辑，例如是否会引发负面情绪等，因此错误的或不良的规则赋予也不会造成太大影响，类脑的整体设计使其对各类规则的适应能力较强。

对于不同小样本中的相同规则，其在总样本中的表现情况只需叠加在各小样本中的命中个数和准确个数即可得到，对于不存在该规则的小样本，也可以视为命中个数为 0。该方式可以作为整体样本效验方式的补充，能大幅减少运算工作量。有一个比较小的缺陷，就是部分非重要规则可能会在某些小样本中遗漏，那样加总后得到的结果会与直接在大样本中效验得到的结果略有偏差，但实际属于可接受偏差。

当整个神经网络越来越庞大的时候，这可能会成为一种主要的更新方式。

对于新增事件，更新现有规则库评价体系时，无需全部重新运算，只需将新增事件实际点亮的突触点（规则）评价更新即可。其余未点亮的规则库，定期更新总样本数即可，新的命中率＝原有命中率 × 旧总样本数 / 新总样本数。需要注意的是，由于整体更新时不会去甄别是否已根据新增事件更新，因此在更新已点亮突触点的命中率时，可以仅更新分子，分母在晚间批量更新分母时统一处理。准确率的更新不存在这个问题，已点亮规则中，新准确率＝（现有准确率 × 命中个数 +1）/（命中个数 +1），未点亮规则无需更新。

对于新增事件，更新或新增神经元可以实时进行，但由于可能会导致新增规则，对于整体规则库的更新运算量相对较大，不利于实时数据的处理效率。因此，我们需要模拟大脑运作机制，建立短期记忆库和迁移机制。这里的短期记忆并不是指信息（神经元）的记忆，而是规则和事件的记忆，例如通过短期记忆记录一串号码1234567，过了几秒之后我们就会遗忘这串组合，但我们遗忘的并不是1、2、3、4、5、6、7这些数字本身，而是由其组成的短期事件或相同规则。

具体来说，对于在短期内形成的新增事件，我们统一记录为一个小样本，相关具体标签信息实时更新在神经元中，由多标签组成的新增事件记录在新增事件库中，并通过类脑模型运算机制在新增小样本提取其中规则，可以仅在小样本中进行效验，记录在类似海马体的短期规则库中，新增事件库和新增规则库参与通用规则库的运算。在晚间或定期批量运作时，一是将新增规则库放入大样本中进行校验，或通过上述提到的对不同样本间相同规则评价参数累加的方式得到总体评价结论；二是将一段时间内的事件集或客群标签集，纳入常态化的规则更新提炼中，例如我们习惯将已知客群或事件按月更新提炼变迁规则，则该月新增的客群标签变化或事件发生可以作为最新的切片进行常态化更新提炼；三是将新增事件，与某一特定样本群 n（例如近期内、同一地区内、同一客群内等，数量可以适当放宽，因为并不需要计算全量，只需计算新增）内全量样本逐一提炼规则，得到 n 条新增基础规则，然后在新增的 n 条规则基础上，计算相似度，可通过距离函数或是相同标签数量多寡的方式，进行类脑标准的提纯迭代。得到的新的规则纳入类脑新增规则内统一处理。四是定期清理新增事件库和新增规则库，新增事件在进行了相应预判推理的处理，以及本节中提到的各项处理后，辅以情绪标签，记录在历史事件库中，从短期事件库中去除；短期规则库进行本节中相应处理后，可直接纳入整体规则库中合并处理，短期规则有很大可能性属于非重要规则或已有规则被去重。

这里可能会涉及事件的显著特征标签的识别，以确定新增事件的特定样本客群。在现实生活中，我们对于新增事件的归类有时候也并不十分精准以及完备，甚至会出现明显归类错误，但我们确实能识别一些显著标签，比如同一学校的学生、茶话会的话友等。因此，可以通过两种方式进行模拟识别。

一是计算近期发生频次较高的有效标签集，与新增事件标签集交集后，得到显著特征标签集，并作为识别族群的筛选条件。

二是建立快速多标签事件检索机制，根据历史规则库中标签出现的频次等标准，事先对各类标签赋予检索顺序，根据标签检索顺序，依次按照新增事件标签内容进行筛选，例如总样本 1 亿，其中具有相同标签 1 的事件 1000 万件，这 1000 万事件中，符合标签 2 的事件 100 万，以此类推，直至筛选结果小于 10，或取归零的前一次筛选结果。如果筛选结果较小，可直接将筛选样本中的共性规则作为补充内容，作为当前事件未知标签的类比补充，例如当前事件标签 12 缺失，而筛选结果中标签 12 均为发生，则认为当前事件标签 12 为发生，对于补充标签内容可以适当进行标注，然后参与整体运算。同时，将快速检索到的事件集作为特定客群进行上述规则提炼。

由于并非所有事件都会进行探查处理，因此隔一段比较长的时间后（例如一年），需要对整体规则库的评价标准数值进行全面重新计算，而不能仅通过渐进式更新的方式。通过这种方式，来避免人类随着时间推移导致的知识结构老化、经验有效性不足的既有问题。

对于在海马体中短暂存储的事件集，可以作为回忆、联想的优先搜索范围。

海马体中的事件，可以尽量进行全量运算处理，但在将相关规则及事件纳入长期规则库中时，有必要根据上文提到的选择性存储方式进行筛选，包括无情感事件、无兴奋/抑制事件（可能导致情感事件的事件）、仅单次作用事件等。

## 三、神经网络的智能化升级

通过我们大脑的特殊构造，我们能通过简单的物理结构实现许多高级功能，包括联想、创新、优化、重构、泛化等功能。通过类脑模型，我们也能进行模拟，因为类脑模型和大脑具有完全相同的构造。[①]

### 1. 联　想

在海量记忆以及分散式存储并存的神经网络中，人类是如何实现快速对某一事件进行回忆和联想的呢？

1）回忆属于精准联想，相对比较容易实现，通过激活当前事件（可以是局部事件）的特征神经元，点亮相关突触，突触自然会连接到对应的回忆组合，新的回忆、重要回忆会被优先调用。因此，我们会有一种回忆不知不觉涌上来，甚至难以抑制的感觉。而在记忆

---

① 宋勇，杨昕，王枫宁，张子烁等.基于类脑模型与深度神经网络的目标检测与跟踪技术研究［J］.空间控制技术与应用，2022，46（2）：10-19，27.

表格处理时，我们只需根据一定排序要求，定期对各突触关联的事件集进行排序，回忆时如无特定要求，从高到低进行调用即可。如果需要相对精准的回忆，则需计算当前事件所有特征值与回忆特征值（他们享有一定的共同特征，因此均连接至同一突触，但也有突触规则以外的不同特征）的距离函数，可以设定一定的相似度阈值，当达到时就调用该条回忆，也可以进行全局计算后，挑选最为相似的回忆。

2）联想则相对复杂，可能当前事件未能命中任何有效突触，比如我们第一次看到外星人，我们仍然会进行一定的联想，可能觉得他像一条鱼，可能觉得他像一只八角怪等。因此，简单的联想是通过局部特征相似来得到结论的。但有时我们需要更为精准地联想，或者有目的的联想，我们可能需要通过联想找到一种能与之交流的方式。这时，主要通过两种方式实现：

在精准度上，尝试各种现有特征参数的缺失组合，对于缺失部分，设置一定的放宽阈值（可逐步扩大），来得到最为相似的联想。

在目的性上，则需要对初步联想结果进行推理匹配，如果目的是一种可开展的行动，则直接将该行为作为匹配参数，与特征值一同去尝试点亮相关突触，例如可交流的鱼类；如果目的是一种效果，例如与其达成友好关系，则需要通过联想到的局部特征进行迭代推理，根据条件函数进行突触筛选，最终得到的不仅是联想到的某一件事，而可能是一连串最终能达到目的的链路，比如通过给鱼喂食、换干净的水来提升鱼的满意度等。

## 2. 创 新

1）在大脑中，创新表现为单个神经元不断延伸触须，试图和其他神经元建立起联系，并形成新的规则链路。

在人类社会中，创新包括推导式创新、实验式创新。创新首先要有一个起始条件，比如在中世纪谈火箭发明毫无意义，因为缺乏基本条件；其次，需要有一个被接受的目的，目的范围可能很广泛；然后在此基础上，探索更优方式，或从不可能变为可能。

在类脑模型中，我们可以模拟上述行为，来达到相同或更好的效果。

2）我们先来看推导式创新。以神经元为连接点，类脑理论上可以进行无限次迭代推理，多次推理迭代后，在形成有限的可行路径的基础上，进一步补完整个可行网络，通过最优计算，就能得到更短路径。比如从 a、b、c、d、e 到 f、g、h 后，以 f、g、h 为起点，再次往下迭代，比如一定次数迭代后我们得到了 x、y、z，每次推理的历史发生概率都有明确的记录。那么，我们是否也可以直接得到一个新的突触，由 a、b、c、d、e 到 x、y、z，发生概率采用实际路径各概率相乘。这样得到的新概率和新路径就是一种推导式发现，当 a、b、c、d、e 到 x、y、z 之间所有的推导式发现都被假设连接后，我们能得到一个神经网络总谱，在此之上，通过最优虚拟路径和最短路径计算，就能得到从 a、b、c、d、e 到 x、y、z 的更优方式，且都是从实际中来。

在最短路径选择后，可能可以使得部分触发条件成熟，例如原先需要 15 层反向推理才能知晓条件已成熟，目前由于嫁接起了最短路径，3 层就能得知，那原先由于迭代次数限制不会触发的一条突触就有可能被触发，从而使当前神经网络触碰到原先触碰不到的神经元 p。

我们也可以假设一些可能能加入该条推理网络的神经元，比如我们手边正好有一把斧子，我们就把这一神经元加入原先的网络运算，看新组建的神经网络是否能达到同样目的以及实现更短更优路径。我们称之为假定推理[1]。

---

[1] 陈波. 逻辑学导论第三版 [M]. 中国：中国人民大学出版社，2002：219—220.

　　反复重复上述过程，类脑就能模拟人脑完成推导式创新，通过机器算力实现全覆盖式、不限迭代次数的推导创新，实现青出于蓝而胜于蓝，可能将人类文明的演变快速推进。

　　3）实验式创新。上文提到的推导式创新，都是基于实际情况进行的推演，但如果某条路径可能更优，但唯独缺少一段连接的情况下，我们就需要进行实验式创新，来补充获得该段连接实际可能发生的概率。

　　在推导创新的过程中，我们先通过假定某段连接可建立（或某个突触点可激活），然后计算是否能形成更优更短路径，对于有价值的需激活突触点，反向探查激活该突触点不具备的触发条件，通过不断反向推理，如果最终能追索至通过某几项行为即可使所有触发条件满足，则这些行为集和已触发的场景参数称之为一场实验。我们需要进行试验后，得到原先假设激活的突触点和可能激活的连接的实际概率，从而使整个假想推导式创新能够在实验创新基础上完成。（我们也可以先假设具体概率来大致了解整个网络的可能分布，进行假想式实验创新）

　　假设发生时，我们可以在目前已经点亮的局部神经网络之外，寻找已知的或较近的神经元，然后将已点亮的神经元和寻找到的未点亮的神经元作为触发点，尝试构建与目标点之间新的神经网络，然后对比新神经网络与原神经网络在最优路径的选择上的不同，如果新神经网络具有更优路径，则判断路径中未点亮的节点，作为假设发生的情况，并验证其发生的可能性和实际发生的概率。

部分实验需要在实际环境中完成。例如粒子对撞，部分实验可以在虚拟环境中模拟完成；例如下棋。对于需要人类辅助完成的实验，可以罗列清单，包括目的、条件、动作等内容，以供进一步评判是否需要实施。

我们也可以新建一个突触点来进行实验式创新，新的突触点可以完全是凭空出现的，也可以是对现有突触点倾向性或随机性的调整。此时，我们可能能获得更好的预想神经网络，但同样需要更多实验验证和更高的失败可能。

4）类脑在创新方面的优势。以上描述的是基础的推导式创新和实验式创新，当这两种创新在广度和深度上都不断深入后，所可能获得的创新成就将越来越大，而这正是机器运算的优势。下文还将提到假定条件预测，通过假定发生和假定变化的方式，虚拟构建全套理论体系。通过沿用真实准确率，或对与真实世界不一致的假定进行验证后，就能得到有效的理论创新。

### 3. 优 化

对于现有的规则体系，完全是从实际经验中得来，但我们总是在追求更好的生活，除了创新之外，我们也希望生活方式有一些有意义的改变，来变得更加美好。比如长颈鹿每天吃着嫩草，突然有一天，有一只长颈鹿抬头品尝到了新鲜树叶的味道，通过历史经验是无法直接告诉它如何才能吃到更多更美味的树叶的，此时的它就需要进行一些历史经验以外的优化。

古代的长颈鹿并不知道脖子长能吃到更多树叶是一种可选项，而且效果十分出色，因此它们首先会进行随机优化，部分长了腿，部分变胖了，部分学会了跳跃。经过一段时间的比较后，它们发现长高长长在当前阶段能更好地达到效果（有评判结果的训练），即使它们主观发现不了也不要紧，因为自然进化法则会帮它们做出选择。由于随机训练效果的有限性和结果的显性化过程变化不均匀，因此实际过程中，有可能通过其他方式能得到更好的效果，但通过长颈鹿有限度的训练尝试，它们会较早地选择出一种当前已知条件下的进化方式，而其他动物则选择了它们已知条件下的进化方式。而且进化的漫长使得它们并没有重来一次的可能，最多衍生出一些进化分支。

除了长期的改变外，一些日常生活中小的优化也总是让人惊喜，例如更换了住宅地址后，发现周边环境能更让自己舒适；调整了做菜流程后，得到了更为美味的食物。

这些都不存在于我们的历史经验中，但又不属于完全未知，且缺乏实验条件或犯错概率较小、犯错成本较低，适合直接边干边试。并且大部分都还处于已知事件中，只是对整体结果变化的可能性有一定程度的未知。

比如长高能吃到新鲜树叶，这并不属于完全的未知，只是当这种变化到达一定程度时，是否会引发其他反应属于未知，长高程度与获得树叶比例也未知；搬家能让自己更舒适也属于已知，挑选时也大概确定了周边的主要设施，但周边是否有潜在危险、是否有更好选择，都属于对结果影响的未知条件；变更做饭流程，多煮一会和少煮一会儿，局部效果为已知，整体效果未知。

因此，优化实际属于小幅不断变更已知路径的局部参数，并通过结果评判来得到是否属于整体优化或劣化，并决定是否继续同方向调整或是中止此次优化，可以是主观导向性优化，也可以是随机优化。

通过类脑进行规则优化，有以下优势。

1）可以并行开展，我们可以同时尝试几种方式的调整并进行记录，对尝试的组合和深度能更符合全覆盖式的数理逻辑，而不会像长颈鹿一样过早地做出单一选择。

2）复原和回溯较为容易，当我们有了实验结果后，要精准回到之前的某一状态，来达到整体最优，是比较容易且能精准实现的。

3）能更精准持续地调整参数。我们可以通过两分法、逐步累积法等各种方法，实现单次精准调整，且可以持续恒量进行，直至达到最优，堪比最有耐心或有执着意念的人类，但大部分情况下，人类并不会进行如此精密的不断实验。

4）可以同时评判局部效果和整体最优，且在整体评判时，能纳入更多参数同时进行，考虑得更为周全。

5）对于参数的调整不受历史经验限制。我们在尝试优化前，总还是会遵从于历史经验，受困于一些固有思维。但类脑调整时，会对一些隐含参数也进行尝试探索，可能能达到出乎意料的效果。

6）类脑对现有知识储备和规则的积累极为丰富，能更有效地支撑优化工作。

## 4. 重　构

历史发生过的事件，是否有可能完全被颠覆呢？答案自然是肯定的。人类的世界观、人生观、价值观，一直在被颠覆重构。例如我们以前一直以为天圆地方，实际上地球是圆的，后来发现也不是非常圆，以后可能发现圆只是一种空间折叠现象，其本身就是个伪命题；又比如以前一直以征服地球为目标，现在则以保护地球为目标；如当看到男朋友与其他女孩手牵手时，会感觉整个世界都要崩塌了。

重构是人类文明进步的基础。如果没有重构，地球一直就是方的，那天体物理学也无从谈起。因此，类脑模型虽然都从历史经验中来，但也要妥善处理现有规律与历史经验之间的关系，以达到跟上时代的目的。

前文已经提到过一个简单的处理不同时期同一条规则的方法，即按照一定权重，将规则发生的可能性进行重新计算，妥善处理最初概率、平均概率和最近概率。这里指的重构，是指同一触发条件能得到两条冲突性结论时的处理方式。

1）采用阶段性并行模式。当地球是圆的这个结论首次提出时，我们并不知晓他的真实性，但显然与已有规则产生了完全的冲突，在特征事件记录中表现出了 1 和 0 的区别。此时，类脑中可以同时构建两个突触，虽然同一条件会有两个相似或相同突触被引发，但结果不一样，并且适用于不同概率。

2）对于冲突性结论进行回顾判断。如果冲突性事件过多，也会影响类脑的运作，简单来说就是容忍了新增，但没有建立退出机制，而通过简单的加权处理有时效果会较为缓慢。此时，我们应对冲突性结论（并行突触导向的结果中，当突触 a 的某一事件为 1，突触 b 的另一事件必然为 0，反之亦然，则称两起事件为冲突性结论）进行额外处理。一是对新增的并行突触概率进行判断，当概率高于一定值，或明显优于另一突触时，将原突触的触发条件中时间范围加入突触中的条件限制，或者根据条件参数形成两条突触，老时间一条、新时间一条，并赋予不同的概率。二是对于两条并行突触在历史有效时间范围进行判断，例如某一条突触对应的历史事件都集中在过去，另一条都集中在现在，则分别将时间范围作为触发条件，参与概率运算，不同时间范围得到的概率不同，具体概率可以根据以时间范围划分的样本表现情况进行计算。

这样，我们就对冲突性结论进行了很好的处理，能解决很多认知更新不及时导致的冲突。

## 5. 其他高级功能

虽然类脑能较好地模仿生物大脑，但由于缺乏了飘荡的触须、蠕动的神经元、发射的各种生物电波等真实的物理结构，有一些功能仍然需要如上文般设置具体运行逻辑，而不像人类幼童一般，天生就能继承。部分人脑的高级功能本书暂时还没能完全探索，留待后续补充。

至于意念控物控火控电、长生不死、超群记忆力、七十二变等我们臆想中的大脑超能力，类脑倒是天生就具备的。

## 四、情感赋予

通过模拟杏仁核对于新变化的神经网络部分，对事件或事件集赋予相应的情感，并通过条件函数将选择性倾向以数值的方式记录在突触中，表现为兴奋／抑制值。

1. 情感作为一种额外辅助参数，将贯穿整个类脑运作的始终

情感的改变，将促使一系列行为选择偏好的变化，并间接改变后续结果。假定我们已知某一事件为可能引起正面或负面情绪的事件，则将其作为条件函数标的，反向寻找可能引起该事件的突触，对于匹配到的突触按距离远近、准确率进行赋值，对于该目标事件也进行初始赋值。突触触发多个条件函数的，赋值进行累加。最终得到可能导致该情绪的判断条件，并通过这些判断条件，模拟大脑突触的筛选作用（抑制性神经质和兴奋性神经质），来进行倾向性选择，并且这种选择通过突触点的筛选会涉及到整个神经网络的运作。我们肯定不希望有负面情感的事情发生，但同时，可能但不必然导

致负面情感的事情，我们也会偏向于避免。

情感本身也可以作为一种重要的参数参与规则运算，例如判断一个暴怒的人和一个温和的人可能采取的后续举动时，显然结论是不一样的。

2. 情感能确保类脑和人类的亲和度

规则会被绕过，但情感不会。例如，如果只是简单规定不得伤害人类，仍可以通过很多种方式间接伤害人类，或者经过很多层联动效应；如果明确规定不得采取任何后续可能伤害到人类的活动，那可能使得类脑举步维艰，因为很多事情都可能引发蝴蝶效应，有一定概率伤害到人类。

通过情感来确保亲和度则不会存在这些问题，比如伤害到人类会产生很大的负面情绪，不同的伤害程度负面情绪不同，伤害到人类的数量不同，其负面情绪程度也不同，接触更多的人类，其亲和度更高，符合人类情感的设定，能有效避免反人类机器人的出现，以及也不至于过于僵化。比如当一个坏人试图引爆一列载满人的火车时，根据情感的叠加比较，能很容易得到采取能够制止他又造成最小伤害的行为举动。

类脑的出现确实可能会给人类社会带来一定的新的危险，这是我们不可否认的，但当另一个初始状态就被赋予了反人类的类脑出现后，能帮助人类阻止他的，也许也只有亲人类的类脑了。我们都厌恶核武器，但我们又不得不拥有。

### 3. 基础情感的细微设定

基础情感反应的细微设定，都将决定整个类脑规则体系的建立偏向性，类似于人类个体性格初始设定。为防止系统性偏差，可以建立多种微细分情感设定，并对类脑进行个性化分体训练，从而形成性格迥异的类人类群体，当一个群体具有平均基准，以及均匀广泛性分布的时候，个体的偏向性差异就是可以接受的了。

### 4. 情感设定的分类

在类脑训练初期，我们可以不用过分精细化设定情感，将其分为正面、中性、负面即可，并且大致赋予程度数值以利于后续汇总计算。对于暂未涉及条件函数的部分，可以先不赋值。

对于现实社会群体而言，我们宁愿接受强行固定情感的职业人，也不愿去接触情感不稳定或过于激烈的"神经病"。因此，在情感赋予的时候，应持谨小慎微的态度。尤其在类脑智能具有较一般人类更为强大的存储、存在和运算能力时，这种处理应该更为谨慎。但事分两面，情感作为人类社会贯穿始终、赖以生存的必要条件，在类脑的构建中，也是不可缺失的。即使心如止水，也与行尸走肉有本质性区别。

后期可以将正负面情绪进一步细化成各类情感，将单一数值表示变成变量集的表示。例如某一种情感可以表示为：（喜悦 5，悲伤 2，愤怒 -1，快乐 3）。情绪的组合实际是根据人类腺体分泌组合导致的一种感觉，情绪也许无法直接计量，但可以通过计量各腺体分泌情况来记录人类对各类事件的真实感受，并作为学习素材。在笔者另一本小说《骑士盔甲》中，也提到了通过植入外部类脑，在具有活性的尸体上进行腺体反应模拟训练的场景。随着科技的进步，应该会有更好的方法。

即使如此，情感设定也是离不开外部设定的，因为生物情感大部分服务于生存本能，高级文明引发的情感本质上也是由此演化而来，但类脑并不具有生存本能，因此需要额外设定。这既是一种劣势，也是一种优势。各种优质的情感设定组合可能会成为一项专属产业。

# 五、预　测

类脑通过模拟人类预测的方式，也能未卜先知，甚至成为大预言家。

## （一）预测的评价机制

对于已知的 a 切片和未知的 b 切片，通过现有神经网络对 b 切片进行预测，包括连续性预测、概率预测、整体情绪评判等，建立评价机制。

基础步骤同类脑模型的基础调用步骤，初始获得1、2、3、4的特征点，可能是一种行为或是一种静态参数，出发寻找可能突触，反向寻找必要条件是否满足，满足则往下，重复迭代，获得一张经点亮的多层预测网，可能包含多条后续路径，根据一定原则进行排序。

1.通常我们的预测都有一定目的性，可能为隐性目的，也可能为显性目的，此时判断被预测事件是否属于目的事件或能否引发目的情绪，或者是否为可能引起目的事件（情绪）的事件（可以通过目的反向推理得知）；如果是，则判断引发概率，优先挑选引发概率较大的。

2.较短距离原则，在不影响目标效果的前提下，优先选择通过较短路径预测到目的事件（情绪）的事件；

3.每个突触中都记录历史命中率和历史准确率，如果为多层推理，则按 min 或者乘数来记录，根据需求选择相应命中率和准确率的 b 事件；

4.对于同时关联更多初始事件的 b 事件，优先选择。

## （二）不同种类预测方法

### 1. 精准预测

精准预测是最标准的预测方式，也是最常用的预测方式，通过已有历史事件的实际发生情况，以及和现有已知情况的匹配，来判断未来的可能性。精准预测唯一的变量为迭代次数，迭代次数越多，就能得到越多的信息，但同时需要进行计算的节点评价也会大幅增加。

### 2. 联想预测

我们在预测时，会遇到一些不确定因素，以及当前事件的局部特征可能也会引发重要事件，因此，在精准匹配之余，我们也需要进行模糊匹配，来提高预测的广度，进一步揭示未来的全貌。

## 3. 假定条件预测

由于我们有时并不总能得知世界的真相，或者信息的缺失导致推理链路的中断，我们有必要通过假定的方式继续推理。

1）假定发生：当信息缺失时，我们可以假定发生，如果假定发生能得到有效推理，再反向验证假定发生的事件的可能性，或是否能够通过行动来促成发生。

2）假定变化：当假定改变某件事情发生的具体参数后，能得到更有效的推理，我们就反向验证该事情发生的真实情况，或者是否能够通过行动来达到这种参数的变化效果。

在我们尝试构建一整套理论体系的时候，我们也会使用假定条件预测，因为理论体系都是基于抽象事件进行的迭代推理，每一个神经元和突触都是假定的。只要在准确率、神经元属性等方面沿用真实世界参数，这种推理就是有效的。如果不符合真实世界设定，则需要进行验证，如果验证失败，则理论体系就现实不成立。

## 4. 猜 测

在具体到某一事件的预测时，部分未知的关键事件，可能影响实际发生事件和当前需采取行动，而历史概率主要指向大数定理，个体是否发生仍遵从量子理论，并不一定存在连续性，因此，我们有必要通过猜测的方式来建立推理连接。当具体运用到猜测时，就需要脱离整套类脑评价体系，通过随机的方式确定该事件是否已发生或必然发生，进行非理性预测。我们也可以将该事件是否发生与某一随机事件相关联，比如扔硬币。

## 5. 多层组合预测

通过对上述方式的组合应用，我们可以得到更有效的预测网络，按照 1、2、3、4 排列优先级，每次进行下一步推理时调用，1 可用则用 1，不然就用 2，不然就用 3，不然就用 4。当然还是要看具体作用场景，来确定具体使用方式。比如在严谨的学术推理中，所有的假定和猜测都需要进行反向验证。

## 6. 博弈式预测

由于现实世界还涉及第三方行为，此类行为受对手主观意志影响，且属于观察推理后行动，并不完全遵从于历史经验。因此，通过博弈的方式进行预测，也是一种预测方式。博弈论的研究已经很深入，本书所指的博弈式预测，除了应用到博弈论相关理论知识外，还需要加入行为的各项评价参数，来进一步明确该行为发生的可能性，例如上文提到的行为规则库中的发生必要条件、不发生充分条件、刺激性条件、行为固有影响等内容，来进一步锁定事件发生概率，而不仅从行为结果导向的角度。

而且现实世界可能更适合采用不对称博弈，以及多次博弈。

# 六、行为关联

根据情绪评判结论，制定一系列可采取的事件集，并对可能采取的事件集进行后果预测，重复四步骤，直至情绪评判结论为好或者更优。

## （一）行为清单的梳理

行为，也是一种信息，同样可以存储在神经元中，行为记录的是通过主动的动作导致的信息的改变，或者说导致沉默规则的触发，并引发蝴蝶效应。相较于一般静态信息，行为还需明确是否能达成的必要条件、刺激行为触发条件和不发生的充分条件。部分行为集合也可以记录在突触中，因为可能会涉及许多通用的已记录的行为和场景特征组合，此时突触也可以视同一种神经元，作为其他突触的触发条件。

### 1. 基础行为

由于人体所能直接采取的行为是有限的，我们所能直接控制的就是我们的身体（目前暂时还无法通过脑机接口实现意念控制），因此基础行为集主要是看、说、听、闻、敲、打、走、跑等基础人类动作，以及其中具体实现方式和实现力度等伴随参数。根据作用对象不同、作用场景不同实现不同的功效。

2. 固定行为集

固定行为集[①]指由一系列动作和可能导致的变化所构成的行为集。例如我们在系统上点击某个按钮后，会跳出一个登录弹窗，输入账号、密码、图片识别码之后，会收到一条验证短信，解锁手机屏幕后，获取短信内容，输入验证码后，点击登录，最终进入了一开始点击的页面。这一系列动作实际包含了很多细分动作和各类情景假设，实际操作中，正常人可能需要 1 分钟左右的时间来完成全套动作。但在类脑模型中进行假设推理时，由于这些动作的连贯性和集合性，使其完全可以作为一个行动集来占用一个神经元（验证登录）参与后续运算，从而能简化许多重复假设推理。对行为集的提炼也可以通过历史经验提炼获得。

---

① ［美］罗伯特·西奥迪尼.影响力 [M].闾佳译.北京：北京联合出版公司，2021：26—27,53.

固定性行为集可以记录在神经元中，如果涉及的特征行为和场景信息通用性较强，也可以用突触的方式进行记录。

### 3. 行为组合

不同行为之间可能会产生联动效果，例如配上手部动作，能使演讲显得更慷慨激昂；使用柔声细语，能更容易说服。这些行为组合，应在调用具体行为时，予以二次调用判断。例如类脑判断此时需要进行慷慨激昂的演讲，对行为进行模拟调用后，查看行为组合及效果，模拟更优行为组合调用，进行二次判断，最终确定要具体采用的行为（行为组合效果的局部最优，并不代表整体最优，因此需要二次判断而不是直接调用更优行为组合）。

同样，行为组合效果可以通过历史经验习得，也可以记录在突触之中。

### 4. 替代行为

是指在某些场合中，可以相互替代的行为。虽然在特定场景中，可以通过反向推导同时找到可替代的行为，但在行为规则库中，预先根据历史经验提炼可替代行为，将有助于降低运算量，以及可以在反向推导无法直接匹配到替代行为时，提供弱化的选择参考。

### 5. 高级行为

在社会的运行过程中，我们出现了许多以往没有的行为。例如存款、网购、视频通话等行为。这些行为需要额外定义，包括其所触发环境要求，具体影响参数，消耗的具体资源等。一般特定行为只有在特定场景中，才会发挥出特定功效。

### 6. 语言行为

语言行为较为复杂，说并不是一个有限含义的动作，而是可以根据具体表达内容，成为一个囊括一切的行为动作。历史上凭一张三寸不烂之舌，撬动整个局势的故事比比皆是。当需要调用语言行为时，我们需要联动语言行为库，来进一步明确说什么，以及可能会导致什么样的效果，这在语言规则库的应用中再进行具体阐述。

### 7. 第三方行为

指可由第三方的主观意志控制是否发生的行为。并且第三方行为有可能因为客观条件的改变而改变。

## 8. 其他行为分类方式

其他行为包括人类行为、非人类行为、非生物行为，固定行为和非定型行为、变异行为，主动行为和应激行为，无意识行为和浅意识行为，禁止行为等，对于不同的行为清单，可以适当个性化设置调用和判断逻辑。

## 9. 行为的客观演变

随着时间的推移，原先的一些行为可能会发生必然的演变，也可能发生随机的演变，由于行为是作为一个独立神经元进行记录的，因此，对于行为的演变需要对神经元或突触进行及时变更。

## 10. 快速触发行为集及条件

需要预先设置快速触发行为集及触发条件，由于类脑不具有本能反应能力，因此该清单可以适度替代本能反应。

在部分专业领域，例如运动，也可以进行快速触发行为集设置，比如球向你飞来，完全可以不假思索地先接下。别人如果向你问话，有时可以优先选择语言回答，而忽略其他可采取措施，听到别人想让你说，就优先调用说的行动。

快速触发行为集还可以广泛应用于各领域，相关清单应进行及时更新，可以自动化更新，也可以人工更新。自动更新的依据主要是调用频率、准确率等参数。

### 11. 虚假行为、错误行为和真实行为

此类行为实际囊括了一切行为，是所有行为的副属性，而且仅在单次生效，因此需要根据具体场景额外打临时标签。

## （二）行为选择

行为的调用，与一般事件触发略有不同，它具有一个反向推理假定，并挑选最优的过程。通常在调用行为前，我们已经具有了目标场景，可能很细致，也可能比较模糊，通过目标场景激活相应的目标神经元组合后，反向寻找可能导致的突触，以及条件参数是否具备。

（1）如果已经能寻找到具备达成条件的突触，那就不触发行为。

（2）如果最优匹配后寻找到仅缺失直接行为的突触，就以该行为或该几种可行行为为假定发生，正向推理可能导致的后果，如不会产生否定效果，则挑选最优行为。同时进行行为可行性评价，对

于不具备发生条件的行为链路进行剔除。

（3）如果最优匹配突触后，缺失一定的发生场景参数，则以该缺失场景参数分别反向寻找可能导致这些场景参数的突触，直到寻找到（2），然后开展（2）的步骤。同时，在过程中如果出现其他行为要求，也需要通过（2）的方式进行正向推理筛选。

（4）如果在（3）中经过反向推理迭代，无法确定仅缺失行动集的可触发突触，则判定为无可能事件，不触发行动，或触发放弃或替换行为逻辑。

当可达成行为过多时，按照无负面情绪，最小消耗，路径最短，与目标要求最匹配、突触抑制性最小等条件来进行筛选。

行为策略总体分为激进尝试，客观中性，谨慎三思型。对应于不同概率、评判标准等行为相关体系。实验室环境中可以采用第一种，首次应用时建议采用第三种，其余时刻可适当个性化。

（三）行为可行性评价

行为选择是通过目标场景反向寻找可能行为，行为可行性评价则是通过目标行为反向寻找行为发生所需条件是否具备。这种条件组合可能是静态参数，也可能是静态参数和行为的组合。行为可行性评价条件，可以通过预设，也可以通过历史经验习得。

对于一些高级行为，需要通过更多的预设条件来确定行为是否可以发生。

对于第三方行为，则需要进行额外的行为发生可能性预测。对于第三方明确表示可以，或根据历史经验第三方大概率会采取相关行为的，可能性评价就适当上升。

除了行为必要条件是否具备外，还需对不发生此类行为的充分条件进行预测，同样可以根据历史经验习得行为与不发生行为的关联，并根据实际情况进行预判。例如下雨天就无法进行室外足球运动等情况。同样，也需要预测是否存在发生此类行为的刺激性条件。

行为的训练和可行性评价也要结合外部环境参数，例如怎么过河，下雨天路滑要采取什么样的姿势适应。在安静的环境中不适合大声喧哗等。具体参数和反应条件无需人工设定，由类脑自行记载和提炼规则。

对于陌生的行为和环境，应进行劣后评价，或采取更及时的反馈收集和行为调整机制。

（四）行动清单

我们醒着的每时每刻都在接收着各类信息，但总有一些是我们想主动去完成，或是短期内无法完成需要后续视情况继续开展的行动。而有一些行动包含的行动集并不固定，可能需要根据情况分为前、后不同部分。

这些行动属于根据自主预设，在某一情况、某一行动之后、某一条件具备时需主动再次激发的，但仅当次有效，预设条件可能会千变万化，并且可能是一个连续性事件集。因此，我们需要在当前规则库上，设置一个额外的行动清单库，处于该行动清单库内的行为集，视为满足条件就激活，而不是通过调用判断，但仍需进行行为可行性评价。

由触发的基础事件集（神经元或突触）激活基础突触（预设初始条件 1），指向一个新的突触（预设后续条件 2），反向探寻其他条件是否满足后继续往下激活，以此类推，构建起一个由突触、神经元集合→突触、神经元集合→突触、神经元集合……→预设行为突触的临时性虚拟连锁网络。

如果是一次性事件，则该虚拟连锁网络仅记录在海马体中，一段时间后予以删除即可。如果是一种有一定意义的行为集合，则将其作为一种行动组合进行长期记录。包括该行为集的初始条件和后续可能导致的变化。这也是一种行为规则库的自我学习更新方式。

## （五）肢体行为

肢体行为和其他场景变迁不同，基础规则的获得需要通过传动训练来得到具体数据，是一种主动尝试的行为，不仅仅是被动观察，并根据行为直接结果评判来保留有效基础规则、最优基础规则和错误基础规则。在习惯行为的养成方面，则需要高级情绪评判进行辅助，并且对重复获得正负面情绪的规则予以提炼，形成一个行为集，通过不同行为集和行为的组合，来形成一次行动。

### 1. 运动规则库

我们首先需要构建一个运动规则库，形成初始状态和结束状态的记录。

运动规则库将每一条肌肉（每一个功率输出组件）输出功率、功率衰减速率、初始速度、初始方向、初始质量、环境参数作为参数，行内记录具体数值，而行动导致的后果，也用相同的参数进行记录，作为输出参数，可以简单地概括为状态、运动向量、环境参数。

在初始状态和结束状态上，构建一个突触。突触中记录该行为的一些评价信息，例如总功耗、发生必要条件、位移方向、位移距离、位移速度等信息。

由于大部分行动都需要调集许多肌肉（组件）同时按不同的向量输出，因此规则库可能会包含许多列。适当通过行为集的组合来分散列的分布能降低计算压力。

## 2. 建立标准行动规则

一个多部件协同的动作能分解为各个不同部件的分开动作。一个复杂的动作也可以拆分成许多个简单的小动作的组合。任何动作在通过放大输出功率后，都能得到等比例放大的位移距离和位移速度。因此，我们首先要构建标准行动规则。

在构建标准行动规则时，尽量在同一已知的环境参数下开展，因为环境参数的影响主要作用于复杂的整体动作，后续会统一训练，对单一动作的影响并不大。

通过对各个部件施加不同的初始状态、初始运动向量，得到不同的对应结果状态、结果运动向量，并记录下相应的突触信息。由于单一部件的基本动作相对运动方向基本恒定，功率则后续根据实际位移向量需要进行缩放，位移距离也只需一个标准值用以后续计算，结果功率一般取决于初始功率和希望的结果状态，可以通过计算得到，并不需要太多的测试。所以标准行动规则可以非常迅速地建立。

### 3. 建立标准行动集

一些简单的行动需要单一部件的组合来完成，此时仍然只需建立标准行动集，功率后续根据需要等比例放大即可。主要通过调试各零件对应的部件集联合输出组合所能达到的效果。在各种位移向量的情况下，只需要记录最优组合即可，最优组合包括速度最优、功耗速度比最优等方面，具体可以根据特定用途进行个性化设定。由于位移向量是可以无限连续细分的，因此在不同的位移测试向量间，设置一定的间隔距离，以避免训练次数过多。

把历史各肌肉参数的实际到达数值作为范围限制（或人工规定），作为安全控制。如某一块肌肉受伤，或人工限制了功率，则范围限制自动缩小。如果是机械运动，还需记录具体输出组件在该种输出下的能量消耗和功率输出，以避免消耗或功率超出限制，包括单体功率和消耗，以及总功率和总消耗。

4. 建立组合行动规则

不同的零件能使整体达到不同的位移效果。通过对不同零件的组合，就能达成相对复杂的行动。这些行动并不仅是简单的拼接，而是在初步达到某一行动组合规则后，进行整体尝试调整，并再次记录最优组合。两个最优局部的叠加，并不一定是整体最优，只是给出了一个基本解决方案，整体最优仍需将所有参数再次训练调试，得到实际最优结果。

由于组合行动可能涉及非常多的位移向量组合，每一个动作可能都需要许多次的调试才能得到最优组合，因此，有三个方法可以适当加速组合行动规则的建立。

（1）观察法。通过观察已知的标准最优动作，并将其位移作为评判基准，不断调整自身参数向其靠拢，而非随机筛选。

（2）经验法。通过人工赋予经验库，给定组合调整的大致方向，减少不必要的尝试。经验库并非直接的行为规则，只是一种行动指南。

（3）有限组合法。我们并不需要事先掌握所有行动的最有行动方案，甚至没有必要掌握所有的行动方案。比如我们大部分人一辈子都不会去做一个空中转体的动作。机械也有优先需要开展的动作。

而且某一类动作，比如坐姿，可以有很多种，也只需先掌握一种相对通用的即可。这样能快速进行学习，也能适当降低组合行动规则的数量。其他组合动作可以后期逐步优化，通过基本的动作组合也已经能掌握许多运动的方式，即使其不是最优组合。

在固定环境下调优有组合行动后，就需要将其置于各种不同的环境下，调试不同环境参数下的最优组合。由于身体或是机械体与外部环境直接硬接触的部分较少，比如我们通常只有双脚与地面接触，所以所需调整的环境参数也是相对有限的。通过观察，我们还可以习得相关环境参数与其外观表征之间的联系，从而为后续预设环境参数做准备。

在得到多个环境参数的最优组合后，我们需要适当计算环境参数补偿行动规则，以应对预设参数不准确的情况。这可以通过简单的求解最优组合各参数增量得到。

5. 实际行动训练

有了标准化的行为组合动作后，我们需要进行实际行动训练，主要训练三方面内容。

一是对复杂位移目标的切分能力。由于此时所有实际行动均为第一次开展，所以需要将位移向量切分成分阶段的目标，然后将分阶段目标切分成各零件的位移组合，最后将各零件的位移向量与标准向量进行比较，决定各组件的初始输出功率。切分实际并不复杂，因为有很多种切分方式。如果较难一次切分完成，也可以先进行缩短位移向量的行动组合，然后再次计算。

在完成场景阶段性切分后，再将阶段性目标计算三维坐标和自身姿态的调整，以明确标准动作的功率放大倍数。

如果是单次行动，一是可以随机挑选一种开展；二是可以根据该规则总消耗、总功率等进行快速选择；三是可以根据当前行为预设模式，选择一条平时常用的，比如平地走路，我们一般都会采用基本相同的步姿。

如果是多次重复行为，可以尝试不同的切分方式并挑选最优组合。

二是结合外部表征观察，调整环境参数的预设能力，以及根据行为结果调整行动组合的能力。有了评判标准，这些调整就都能进行自动学习，不足则加，过则减。

参数关联函数也需要根据基础行为模式进行区分，不同的输出功率会导致参数关联函数的不同，需要进行调试。同时，对于新发现的外部环境参数，也需要先加入进行训练，如发现并不会影响，再予以剔除。增减特征值并不会影响规则库的运作。

随着各环境下实际行动次数和训练次数的增多，我们可以得到越来越多的预设参数以及预设参数联动调整函数。训练有素的乒乓球运动员可以很轻松地接下普通人的所有来球，他们已经熟知每个动作可能带来的效果，并且通过观察球的变化，可以熟练得到环境参数，从而快速地完成动作预设，增加了实际可行动时间，而对于一些可能隐藏的微小变化，例如不经意的旋转，通过各类实时反馈，比如看到球落桌弹起后的轨迹、声音等，可以很快匹配到成熟的关联调整函数，细微改变可能已经在开展的动作行为，并完成击打动作。

三是增强实时反馈能力。如果外部参数无法全部预判，则先根据命中到的规则群挑选一条进行行动（可以适当建立参数猜想机制，使随机挑选更为精准，在部分模式下也可以直接按最坏可能赋予值），然后调用实时收集反馈机制，根据行动时的实时数据反馈，根据实际参数与预判参数的差值、基础行为模式，调用参数关联函数，并配套相应肌肉群的输出变化。由于实时反馈反映再快，也已过去一段时间，此时原先功率作用已经输出，造成初始状态的实际变化，在如此短暂的时间，是无法重新计算新的行为模式的，最多根据反馈时间，采取环境参数补偿行动，以适当弥补预判错误所造成的损失。在当前行为结果略趋稳定，开始衔接下一个动作时，可以根据当前变化的初始状态，进行重新计算，通过下一个动作的作用，来弥补本次的行为损失。

在机器狗、机器人等机械体控制的研究中，我们已经能实现很多预设动作，并适应多样化的地形。通过类脑模型对机械体进行自主训练的话，可能会得到更好更精炼的效果。将不同机械组件的细分输出功率和外部有关环境参数作为神经元，在实际运行过程中记录下各种规则组合，通过是否跌倒、是否最快、最稳等判断逻辑，或通过模拟真实人类的行为数据（通过影像识别，或在人体上安装传感器），或直接给予一套虚拟动作作为动作是否达成的判断标准，来记录下各种要求下的最优动力及外部参数的组合和各类有效组合，并且通过类脑模型进行创新优化，来形成系统性的行为规则库。理论上可以模拟幼童从摸打滚爬到奔跑跳跃，再到隔山打牛的肢体学习运用过程，并且具有自适应、自学习的能力，而且不会像人为预设组合一样显得十分僵硬，而是充分调动了每一个可用零部件。我们只需输入做到什么样，机械体就会自动根据已有规则体系配置输出功率组合，来达到我们需要的效果。这种自训练以及自我记录的模式，从理论上来看要优于外部参数调效。我们也可以事先输入在某一些要求中必须采取的局部规定动作，例如肚子要紧绷、手要伸直等，在这些局部规定动作的基础上去达成整体最优效果。

对于功夫高手，或者高等级机械，两个动作的衔接可以非常短，例如可以一掌九重力，或可以始终黏在对方手掌上，怎么都甩不脱，此时就代表类脑运动计算达到很高的水平，使得大动作被拆解成许多个短暂的小动作，每个小动作之后都可以根据外部参数变化重新计算下一次发力，达到类似微积分的效果，由此可见太极被称为国术确实有其独到之处，对手的每一刻变化都是不可知且随机的，此时需要配合几乎相等的力量才能达到"黏"的效果。如果类脑也可以得到极快速的行为计算，和极迅速地实时收集反馈，且输出部件支持短暂可变的输出，那机械行为将不再会变得笨拙，而是能在狂澜之中如履平地，一剑之威无人可挡，从一个蹒跚学步的小儿水平一跃变为绝世高手。汽车驾驶中的 abs 就是利用了类似的原理，通过短时间内千百次的刹车，来达到控制车辆平衡的目的。所以硬件上目前已经没有太大的阻碍，就等待可以快速处置更多参数和更多环境的类脑模型，来将机械武术发扬光大了。

四是建立临时行动规则集。当实在无法找到预设的行为集时，我们就需要通过临时提炼的方式来开展行动。

例如我们穿着一双高科技的新鞋走在一块冰面上，我们无法确定摩擦系数以及冰面的承受能力，用非常别扭的姿势踏出第一脚时，我们肯定做好了随时撤回，或加力维持平衡的准备，并根据身体感觉的整体反馈，来进行最快速的反应动作，以免掉入冰窟或摔倒。走了几步后，我们脑中的海马体已经有了类似的行动和环境数据，开始提炼出已知的行为参数，于是我们越走越大胆，因为参数大部分都已经通过预设的方式告知了下一步行动，降低了实时信息获取和及时反馈行动的要求。

为了确保尝试的安全性，可以事先设置一定的边界，例如单一动力源的输出功率限制，单一肢体动作的幅度范围限制，周边物体的距离限制，机体损坏程度的限制等。同时，对于较为陌生的环境和动作，应减缓动作幅度、加强实时反馈信息的收集速度和范围、简化关联函数以及加速动作改变的命令速度等方式，来建立行为探索的行动逻辑。

6. 建立反应行动库

上述都是在无交互的情况下的行为最优化。当有对手时，实时信息收集反馈机制就不仅限于主动行为导致的结果信息变化收集，而是要建立更全面的信息收集以及反馈机制。从一定意义上来说，上文提到的实时反馈能力，也属于反应行动库的一种。反应行动库需要调用类脑模型的实时信息处理以及推理模块，当我们观察到一个外部行动时，进行迭代推理，如会发生不良事件，则反向搜索可采用行为，判断可达成性及可能影响，这里就不再重复。

在肢体动作时，大部分时候并没有太多的推理和反应时间，我们也通常是通过本能进行应对处置，因此，完善快速行动库显得十分重要。

接近式动作法，如果没有明确的路径，我们将对目标距离是否更接近来作为判断标准，来判断哪些部件此时应该输出功率，也可以将目标距离分解为垂直距离、水平距离、远近距离的三维坐标体系以及自身姿态的变化，从而形成微积分式的运动接近控制。

当肢体行动明确触发，但并没有明确目标或具体要求时，我们通常也面临多种可行行为选择，单次的选择固然容易，但要养成良好习惯，符合社会行为规范，则需要进行行为规则的提炼提纯，根据不同行为后果所引发的情感进行判断，来提炼出正/负面情绪所对应的一些共性特征，或者通过提炼他人行动共性与自身行动相比对，来对行为规则加以强化或去除。逐渐地形成一种当地认可或鼓励的特定行为模式。这一规则库同样也适用于类脑模型创新、重构、优化等逻辑。我们可以通过提炼尝试去除出现次数较少的冗余行动，通过优化和创新提升行动质量，通过重构来跟上周围要求的变化。

对于一些多次发生的复杂行动，我们可以进行独立记录，以便于快速调用。当这些动作不再发生时，则记入历史规则库。对于一些固定行为，形成行为集，当一次行为调用的行为集中的参数与其他参数重叠时，优先采用行为集中的参数，次优采用高情绪行为集中的参数，如果还无法判断，则进行随机选择，以确保所有行为参数在某一次具体行为时的唯一性。

在训练并不充分的情况下，选择相对最优行为模式即可，现实中，我们也并不需要都达到太极高手的水平才出门逛街。在肢体的控制上，也并不需要时刻达到毫秒级的指令输入，平常情况下，采用简易的行为模式即可，适度开启实时信息反馈机制，也可以根据需要设置大类的行为模式，例如运动模式、省电模式、标准模式等。

## 7. 建立经验习得库

行动的经验习得与其他经验规则库不同，只是一种评判调优方向，因为具体行动涉及许多参数的同时调整，无法通过简单的描述来传达。

### 8. 肢体控制的泛化意义

小到机械臂，大到航空母舰，多到无人机，所差异的，主要是参数的数量，包括本身运作的参数、外部环境参数和结果评价参数。类脑能够将多渠道获取到的数据标准化提取特征值后统一记录，在事前通过体系化的训练获得各类最优行动组合，事中辅以对实时信息的多层次处理方式以及预先存储的规则调用方式，能快速实施各类复杂活动，再加上实施信息收集与反馈机制的校正，使得类脑对各类机械都能灵活调用。

肢体行为的训练能有助于类脑模型对于可采取行为的更好的理解，使得可采取行为的条件及可能后果有更清晰准确的判断。

同时，当不同机械体之间的行动规则库共享后，也能更好地帮助类脑模型进行整体联动行为处理。

### （六）表情行为训练

类脑能很好地自动总结复杂表情模拟方式，处理面部许多条肌肉联动的多标签组合，并进行输出，只要脸部肌肉硬件能够支撑，就能够达到想要达成的任何表情。通过微表情识别机制，能有效将表情与情绪相关联，而情绪又已固化在整套类脑运行模式中，因此，表情也就能很自然地在应当出现的时机出现，且随着训练数据的不断新增，数字人能越来越契合地恰如其分的展现各类表情。

一张固定脸的表情可以支持任何脸型的自我训练，而这一切在元宇宙中将更为出色，因为不受硬件的限制。由于美丑的评判标准相对容易获得，自动调整脸型，形成兼具多样化和美感的各类脸型也很容易。

我们目前所具有的数字人，表情动作大多数都是预设的，脸型也是人工预捏并保存的，显得十分僵化，且表情的程度并没有明显区别。一个很好笑的笑话和一个一般好笑的笑话对应的都是标准化的笑脸。而通过类脑与外部联动的数字人则不同，他能做出微细分的判断，并进行实时表情调整，能像人类一样利用表情交流，且更为出色，因为类脑处理的是每条肌肉及其所有组合。人们只要大致明确对数字人的要求，比如人种、美感程度、性格、风格等方面的要求，类脑就能进行临时性的个性化调整，而不是变成一个看上去已经风靡全国多少年的标准形象。并且调整后的静态形象的微表情也都能完美契合。

因为类脑数据库中，有无数人的无数种表情，虽然不能直接使用真人形象，但只需将符合条件的相似人群进行拟合，然后根据标准美貌程度脸型比对，适当调整，即可获得全新的个性化人物，还可根据客户后续要求，进行局部或细节调整。

个性化的微表情控制一方面可以根据上文提到的其与数字人整体运作紧密连接，达到实时有效，程度受控，另一方面，需要更适应当前脸型。首先可以在后台数据库中，将脸部肌肉和骨骼根据可能方式在当前脸型上分布；其次通过细微控制脸部肌肉，根据历史上具体微表情所带动的大致肌肉群力度，模拟本次可能达成的效果，来展示对应表情，此时的表情将十分自然和个性化，表情的形成过程也会十分真实；最后，由于这些表情的效果为首次出现，需要实时采集用户微表情来确定其满意程度，并默默调整脸部肌肉参数，使得当前形象表情越来越符合用户的审美。

虚拟身体动作的模仿，也可以通过对身体肌肉群的精密控制，来重现真实感和细节，并可以根据个性化的身体不断调整适应。

在现实世界中，我们已经可以通过各种方法得到真实的无意识生物体，也即是说，我们已经能够获得行动的载体。我们虽然还不能完全破译每份电讯号是如何实际具体运作的（大体逻辑已经知晓），但我们已经能分辨出不同肌肉所做的不同运动所产生的不同电讯号，可能是电位差、传输渠道、传输方向等，而类脑模型能有效处理这些潜在数量和参数都极为庞大的未知。只要能区分不同的电讯号，并进行发射，类脑模型就能通过不断提炼总结的方式获得相应生物肉体的最完美控制方式。

除了肌肉外，要让类脑学会控制一个精密的完整生物体，包括其各种内部脏器、免疫系统等特殊器官，因为生物体的各项机能控制，实际也是通过生物电讯号作为传播媒介的。通过对生命体征的各项数据实时监测，可以获得评价参数，调整对生命体的电讯号接收和发射的规则，并对改善或平稳的电讯号集合规则进行提炼总结等，类脑运作很快就能掌握全部机能的运行规律。虽然这些规律只是通过经验总结来得到，类脑可能并不知道实际含义，但人类也是先学会说话，再学会语言学的，先后上并没有严格限定，只要可行就可以了。至于具体含义，实际上是作为不同生命体之间的言语交流用，因此应该纳入语言体系进行定义（对神经元和突触进行文字命名）、相似匹配（是否存在已有行为名称）等动作。

### （七）虚拟生物控制

通过模拟虚拟生物可能的肌肉群分布，设置参数范围，对肌肉群进行精密控制，事先进行行动训练，类脑能很好地模拟虚拟生物的实际运动效果，而并不只是动物园影像的翻版，或人类的粗糙设定。

打斗等复杂动作也完全可以模拟，今后的游戏中，升级用的老虎将如真的一般实时行动，而不是只会挥击前爪的形象生物。而得益于类脑的简化调用机制和自我训练能力，这一切的实现并不会占用太多的算力，操作肌肉群进行特定动作，并没有想象中的那么复杂。所有动作都是根据个体实际训练情况从规则库直接调用的，只需要实时收集可能带来影响的数据，例如地面摩擦系数、障碍物情况，然后进行预设动作组合以及输出功率大小调整即可。当然还有实时信息关联函数反馈机制。即使是一个刚诞生不久的虚拟生物，通过类脑后台大批量的实际模拟训练，也能很快成为一个能适应各种情况的熟练工，建立自己独特的行动规则库。

古话说的熟能生巧，就能很好地概括类脑对肢体控制、环境适应性的不断实际尝试、反复总结提炼，最终达到如臂指示、天人合一的效果。

# 七、类脑模型语言文本体系的训练和调用

## （一）语言体系的学习

（1）将常用字或基本词语，作为基本标签，形成一个个独立的神经元，后续学习过程中如遇到新的字或基本词语，直接形成新的神经元即可。这些基本神经元的数量大约在 2 万左右。

（2）获得小样本，例如 300 句句子和 300 句问答。

（3）按层级将获得样本分为以下组合（以下组合均需作为训练样本）：

问——答；

同一段落内，以句号分割的前一句和后一句；

同一句内，以各类标点符号分割的前后内容；

同一标点分割间隔内，基本字词与基本字词的相邻组合。

（4）根据上述分割形成的新的样本，通过类脑运行方式进行规则提炼、提纯。对于较为准确的训练数据，初始语言可以直接作为

第一层规则库补充内容。

（5）获取新的小样本，重复上述动作，并对总体语言专项规则库按类脑总体处理方式进行去重、优化等处理。

（6）基础字词的先后，可以进行类比推理，比如"我"有 9 成概率在"是"的前面，"是"有 8 成概率在"个"的前面，则通过类比推理，"我"有 7.2 成概率在"个"的前面，把所有同起点同终点的类比推理概率进行数学处理后，得到最终的全字符先后概率矩阵，后的概率首先通过历史经验进行总结，因此先的概率＋后的概率不一定等于 1，如果相关数据缺失，则按照 1− 先的概率进行赋值，如果先后概率都缺失，即历史样本中从未出现过两个字之间的组合，则各赋值 50%。

表1-6 基础字词先后概率表

| 字词／先的概率 | 我 | 是 | 个 | n |
|---|---|---|---|---|
| 我 | − | 5.5 | 6.5 | M |
| 是 | 3.7 | − | 6.2 | M1 |
| 个 | 2.2 | 缺失（3.8） | − | M2 |
| N | p | P1 | P2 | − |

（注：相关数值为随机举例，非实验数据。）

通过上述方式，就可以获得语言体系中各基本单元的常规组合和顺序。

## （二）语义关联[①]

### 1. 基础语义关联

在规则库中，我们会获得许多基本语句、复杂语句、对话的组合，也会囊括基本词组，通过在学习数据中，匹配相关语句、词组、对话所对应或相关的非语言神经元，来进行语义关联。

获得语义关联后，建立起双向连接，即通过颜色、形状、味觉等标签信息可以对应至代表苹果的基本突触，也可以反向对应。部分复杂语句，也可以直接作为基础语义关联的单元。

对于不经常被重复点亮且曾经被点亮次数少于一定值的关联，予以删除。以降低语言规则库总规模，以及辅助剔除错误关联的信息。

（1）语言与图像的关联。

主要原理：获得基础图像特征，记录单独的神经元，并与相关

---

① 王知津，郑悦萍．信息组织中的语义关系概念及类型[J]．图书馆工作与研究，2013，(11)：13—19.

语言关联。比如我们获得了一幅复杂图像，记录了图像中一些基础特征，同时提到了一句语句，其中包含了几个独立词组，暂时无法拆分后一一对应，仅获得了图像特征集与字词集的对应；然后我们又获得了另一幅影像，同样提到了另一句语句，又获得了另一种组合的对应。通过智脑提炼总结已知的所有影像特征集与语言特征集的对应后，得到具体图像特征集和语言特征集的对应关系。

新获得一幅图像后，我们通过其主要特征，识别对应语言，然后反向关联相关图像，对关联到的图像进行相似度识别，挑选相似度较高的图像进行比对，获得一致和不一致的图像特征，并作为该幅图像的专属组合进行存储。其中明显不一致的特征点，或者多次相同的特征点，可以作为思维的触发点。

（2）语言与声音的关联。

语言与标准发音的关联相对最为容易，每个字都有其标准的读音。不同语种之间的切换，可以通过文字的对应进行转换，例如获得英文 sun 的发音后，关联到英文单词 sun，然后通过文本关联到太阳。目前语言和语句的翻译都已经比较成熟，可以直接使用。

通过智脑模型，也可以使用一种新的关联方式和翻译方式，可能更为高级通用。当我们获得一种新的语言文本，和相关阅读发音后——可以是随机语句，也可以是方言，并不一定是标准词的发音，我们将能解析的最小文字单位和最小语音单位，分别建立组与组的关联关系。然后根据智脑提炼总结规则的运作方式，最后得到各种一一对应关系，可能是词组、语句和字的发音。理论上只要包含于已知语句的发音，都能进行各种组合的识别对应。

结合上述语言与图像的关联，以图像特征（或其他语义关联特征）作为第三方连接，达到两种语言的翻译效果。

（3）语言与视频的关联。

视频本质上是图片集合、语言集合、文本集合的统一。同一时间同时出现了多幅连续图像和声音，部分视频配套了字幕（需为同语种字幕）。我们只需要识别一句话对应的几幅图像的特征，去除非语音的杂音，就能在一部视频中，获得许多字集、语音集、图片集的组合，以字集为主线进行关联，使得智脑能快速掌握语言文本与视频、语音的各种关联。

（4）语言与其他基础属性的关联。

人类还有感觉、味觉等多项基础属性，这些基础信息，机器有时比人类少，有时又比人类多，主要取决于传感器。有些属性无法通过第三方习得，如人饮水，冷暖自知，人类在对应相关语言时，也是通过对同一事物同时感受后交流获得；有些属性并无法用语言描述，因为超出了人类的感知范围，那就只需要记录入特征参数（神经元），与某些场景一并保存即可，这些特征参数后续也会通过非语言的关联方式被调用。

各种不同属性都可以通过语言作为统一关联体进行联合调用。当基础语言体系建立后，对于具体词句所关联的语义信息进行简单比对，对于明显关联错误，即与其他信息完全不相似的特征取消关联。比如苹果这个词语，关联到了红苹果图片、绿苹果图片和一只鸭子，显然，我们应该将鸭子图片删除。

（5）复杂语句与场景关联时的词序问题。

对于复杂语句，需要在关联场景时同步记录词序，不同的词序会对应于不同的场景。在接受对方语句，或者从场景关联语句时，也需要识别以及匹配词序。词序记录在相应突触点中。

词序的提炼。复杂语言的原始记录还需增加一个标签，能记录下完整的表述，当对两句话进行提炼时，首先锁定相同的字词组合，然后判断相同字词是否遵循相同顺序，如相同，则判断为有效提炼，如不同则去除排序不同的组合，仅记录排序相同的组合，并将新的组合的词序表述记录在该规则的突触节点中，作为该突触后续被调用时是否点亮的条件之一。提纯迭代时遵守同样的规则。

由于每次场景表达时都可能有所差异，因此需要增加词序匹配的容忍度。

例如：大雁往南飞；往南飞的大雁；大雁往北飞。三句话及配套场景，原文分别记录在单独字段中。例如大雁往南飞，点亮大 雁 往 南 飞的神经元，同时记录"大雁往南飞"的原文在单独字段中。

大雁往南飞，与往南飞的大雁，提炼的组合均为 大雁 往 南 飞（无顺序），在原组合中的排列分别为"大雁往南飞"和"往南飞大雁"。如果从整句顺序来看，从第一个字就不相同，如果考虑到局部顺序，则"大雁"和"往南"具有相同的顺序。此时我们可以根据计算和存储限制来选择仅记录整句（可记录 0 条规则），还是局部相似（可记录 2 条规则）也记录。局部记录的话，无法识别局部共同特征，因此需将两个原始句关联的特征场景相似处同时记录在 2 条记录中。

再看"大雁往南飞"和"大雁往北飞"，此时共同字符为"大雁往飞"，且在两句原始句中顺序完全一致，因此将该条规则（大雁往飞）记录，将四字顺序（即完整表述）记录在规则对应的突触中，两句原始句关联的场景特征同样进行相似度提炼，并关联至该条规则的突触。

值得一提的是,语言的相似度通常采用精准识别,但关联场景特征,例如图片特征相似度、语音相似度等,需要设置一定的相似范围。

### 2. 组合语义关联

(1)根据字典等信息,将基础语义进行组合。例如非洲大蜗牛,字典解释为一种生活在非洲的超级大的蜗牛。之前已通过基础语义关联了词语"非洲"及其相关信息、词语"大"及其相关信息"蜗牛"及其相关信息,在这里,将三者的语义信息简单拼接组合成"非洲大蜗牛"。当然,如果直接有"非洲大蜗牛"的基础语义直接关联,也并不影响组合语义的关联,相关内容可用于类比和联想。

(2)获得某一语句后,匹配相应语句突触规则,反向获取其中涉及的所有基础语句组合对应的语言突触及其关联的语义信息,形成一个整体输入。然后将这些关联到的神经网络作为并行触发点,根据类脑模型进行后续处理。例如获得语句:我现在想吃红苹果。首先,我们发现该语句命中"我现在想吃苹果"的语句,以及语句规则对应的已知场景和后续行动(包括劝阻、告知、询问等语言活动，以及给予、吃等行为活动，和吃苹果对身体好等信息传递对话等各类事件）；其次我们将该语句进行组合关联，发现有基础词语被命中（根据实际规则库存在情况进行匹配，不需要构建可能的分词组合），我、现在、想、吃、红、苹果，以及组合语句命中红苹果、吃红苹果、我想、现在吃等，这些基础词语与已有规则库中的组合语句已对应关联相应语义信息；第三我们根据初始语句匹配可能的上下文语句及场景，如已给出上下文，则直接进行匹配；最后将所有匹配到的信息形成一整套语言场景，作为一个多标签事件处理的触发点集，进行类脑后续运算。

基础语句的组合探查类似于类脑中新增事件神经元及规则突触命中的方式，例如复杂语句 abcde，会命中 ab\cd\abc\a 等基础语句。这个时候，相较于基础神经网络，突触可能会连接突触，形成多层突触网络，其中还包含了一定的语言层级关系。

### 3. 语言体系的调用

（1）语言与非语言表达的同步调用。

语言的表达，通常伴随着语气、语调、语速等通用的非语言内容，同时也可以伴随动作、行为、场景等特殊事件。此时，我们也会根据历史经验，结合行为目的，进行倾向性同步调用，最后形成同步组合表达。我们称之为一个行为集。行为集可以通过历史数据总结提炼得到。

接收到外部语言时，根据每个字符接收到的顺序，确定唯一词序。不同词序会对应于不同场景。并用于历史规则判断，除字符组合一致外，词序也需一致，可适当设置容忍度，以适应个性化的说话方式。

（2）作为一种行为被调用。

正如前文所提到，语言不仅是一种信息的传递，更多的是一种行为。例如在简单的问答中，我们的回答内容是与问题相关联，但是是否要回答本身属于一种有目的的动作，以及在回答内容、回答方式的选择上，也存在一定的目的性。这些目的就是我们在类脑模型中是否采取这项行为，以及采取怎么样的行为的运行逻辑。

在非问答的文章撰写中，也适用相同的逻辑，前句与后句之间确实存在关联性，但前句并不是后句的充分条件，更多的是一种必要条件（当与主要行为目的冲突时，前句甚至可以不是后句的必要条件，顾左右而言他）。我们在撰写后句的时候，是否撰写以及具体撰写内容、撰写方式，都是一种有目的的行为。

因此，语言体系的调用，实际上适用类脑模型中的行为调用模块。

通过场景（包括可能存在的上一句语句、关联含义、实时背景等），能根据历史经验规则，预知在该场景（含语境）下受众的期望行为集（含具体语句表达），以及知晓该行为集可能产生的连续后果（可能是非该场景本身的其他关联后果），如有主体此时存在目的性，则根据后果与目的的匹配挑选行为集，如果没有目的或目的较为宽泛、无关，挑选结果最优路径（根据可能引发事件对应的情绪值累加获得评价值），如果没有情绪相关路径或没有明显最优路径，则按照与当前场景、自身记忆相关度较高的行为集来进行选择。由于受众后续反映可能不按预设结果进行，因此每次都需要重新计算。

如果最优行为集中的语言命中的是经提纯后的简化规则或几个简化规则组合，则需要对语句进行适当排序以及补完，当然，我们也总是可以只表达命中的关键字。

（3）字和字顺序的调用。

当行为目的以及行为倾向性明确后，我们根据语言规则体系，会得到具有优先级划分的一些独立的语句组合，而对于最后我们表达的那一句话，我们依然可以有许多种表达组合，比如某些电影台词中说话喜欢将"先"字放在最后，"吃个饭先"，但通常我们会用"先吃个饭"的表述。这时候，采用哪种顺序和连接更合适呢？也可能有比较精简的回答、比较俏皮的回答、省略主语的回答等。而在撰写文章时，当我们写下第一个字之后，第二个字选择什么呢，是否也会像古代诗人那样对"推"和"敲"而踌躇不决呢？我们又怎样把几个关键词或句，组成一个连贯的复杂语句呢？

　　首先，并没有标准答案，怎么表示都可以。正如上文所提到的，只是清晰地表达关键字有时也是一种很不错的选择。我们所想表达的并不只是一句话，而是一个场景或一种感受，通过语句或关键词作为媒介去激活对方大脑中相应的场景或感受，只要我们想传递的所有信息，能通过我们表达的语言，在受众脑海中精准引发（不想表达的信息尽量少触发），这就是一次成功的表达。我们也可以在具体表达前，尝试将自己作为受众，进行最后的效果校验。

　　其次，主观表达确实对应于一些行为目的和通常习惯。这里我们不得不提到另一种语言组织方式，就是小学中最常用的看图说话。当我们获得关键词组后，实际关联了一系列关联场景信息，而且由于关联词只是场景中的一部分信息，因此通过关联词能关联到许多相关场景，例如天鹅，就能关联到白天鹅、黑天鹅，甚至能关联到在湖里游泳的天鹅、在天上飞的天鹅，首次关联时，需要限制一下关联迭代次数。此时，我们将这些杂乱的相关场景信息进一步提取出关联词或字（通过场景信息反向关联），然后以关键字和可能的关联词去匹配历史语句库，就能得到一系列包含了关键字和部分相关关联词的语句，如未能得到，或者得到的组合顺序过少，则扩大关联迭代次数。

如果我们得到了一些既有组合选择后，我们首先遵从行为目的，如果行为目的指向某种表达组合更为合适，则优先采用，如果行为目的未指向，则有限选择与当前场景匹配度高的表达组合，如果仍然没有明确指向，我们则采用规则库中通常使用的组合逻辑。

如果没能得到包含了所有关键词的历史语句，或者仅得到了包含某几个关键词的历史语句，我们就涉及创新组合，这在通过类脑撰写文章时更容易发生。我们可以将得到的语句片段（按标点划分），视为一个个包含关键词的字集。有几种处理方法可供选择：第一，将字集中的关键词模糊化，用各字集的其余部分去再次匹配，得到语句组合后再重新把模糊化的关键词替换进去，这种方法实际是基于事件间的联系从未出现过，因此按场景概率和用语习惯寻找一种可能联系赋予，有可能出现偏差，例如实际为转折关系，但被赋予为了先后关系；第二，根据行为目的、表达习惯等独立选择字集，然后直接将字集作为独立的句子进行表达；第三，进行高级语言学习，深入了解高级写作方法，该方法建议观察类脑学习进化情况后再予以实施，有一定可能类脑听我们阐述后，直接就获得了相关能力，就像我们教导中学生一般。如果要通过数理模型的方式去梳理连接词的应用，也可以进行尝试。

最后，简单校验一句话中各字之间的先后顺序是否有明显违背先后概率矩阵之处，结合矩阵概率计算总体顺序值（例如将相邻两字先概率减去后概率得到顺序值后累加），如有，则选择次优但不违背的历史组合，或计算调整最优表达顺序。

如后期类脑智能形成个性化分体，则可以在具体分体上设置一些特有的语言选择逻辑，以形成分体特定风格的语言表达风格。

由于类脑模型属于累加型学习，以及边学边用的调用模式，所以并不需要完全完成训练才能使用，在训练的所有阶段都可以进行使用。例如第一天，我们训练了"你能收到数据库信号么？能收到 / 不能收到"的简单问答，并关联了相关语义。那第二天，我们询问相关内容时，类脑就可以根据语句的调用发现两种回答，匹配语义并进行判断后，就可以根据实际情况进行回答。随着训练的深入、语义的广泛匹配以及类脑其他模块的进一步完善，语言体系将变得更加丰富生动，而与人相似这一基本属性，是在最初建立时就被赋予的。

### 4. 语言的效果及后评价机制

当语言作为一种行为被调用时，自然是会产生相应后果的，而由于语言内容本身过于丰富，而且语言属于非直接作用的行为，通过记录具体后续事件来提炼规则可能会非常凌乱。我们可以尝试将语言的后续效果统一成可能引发的情感，来进行统一归类。受众情感的变化，也能直接导致局势的变化。

同时，语言也作为一种联合参数被纳入整体规则库中，比如老师在课堂上说"上课"，大家就会集体起立，然后说"老师好"。就是一条包含语言体系的整体规则。由于"上课"两个字不仅是随机组合，而是存在语序的特定表达，而语序仅记录在语言体系的突触中，并关联相应语义，因此该条规则在调用具体语言表达时，也需要调用相关突触。而在记录其他信息时，顺序并不会如此精密频繁地记录，主要还是通过规则的方向性来记录。

# 第二章　类脑模型的优势

# 一、模型构建方式所带来的天然优势

人类从千万种物种中脱颖而出，凭借的显然不是肉体，而且优势具有代差级别，物竞天择的选择告诉我们，只有一种大脑构建的方式是成功的，即使 99% 相似都不行。

我们也一直通过各种研究方式，尝试破译大脑的运作，或通过已破译的动物、机械的运作方式来进行更优智能的构建，截至目前仅能做到局部功能更优，比如机械手每日重复标准动作搬运 10000 次。但在综合能力上，尚无能与人类大脑相匹敌的存在。

我们也尝试将人类的运作方式反向教导给其他物种，包括具有更强脑容量的海豚，相似度极高的猩猩，试图了解这些物种没有开启智能是否由于特殊原因的限制、通过跨越式反向教导能否突破。但实验结果都指向人类是唯一最优选择的结论。

人类大脑的秘密究竟在哪里呢？我们通过各种方式对大脑进行研究，包括解剖、切片、培养皿、实时扫描等方式，最近更是有脑机接口、混合物种脑部组织联合培养、生物脑基计算等让人诧异的方式出现，但从实验结果的发布来看，并没有突破通过解剖、扫描等方式获得的理论成果体系，最多是增加了一些不是很成功或者比较表面的应用。

我们已经了解到了大脑的物理运作结构，但我们真的知晓这种方式的优点么？生物大脑的物理运作模式，该如何通过非物理的方式实现呢？通过类脑模型模拟的脑部运作揭晓了部分答案。

## （一）精准的映射关系

图模型上的所有操作都一一对应于后台数据库的操作，具有完全等价的映射关系。

通过图模型模拟的神经网络，能精准直观地复现大脑运作的模式，从可观测的图形角度来看，能完全实现各项活动的对应映射。

通过两层映射关系，就解决了大脑和计算机的直接映射关系，从大脑物理图像到图模型，再从图模型到底层数据的处理，从而能较为完美地构建真正的类脑模型。

通过映射级的仿真模拟，类脑能继承大脑绝大部分的独有特性和优势，不知不觉间站在了巨人的肩膀上，对人类社会的各项活动出奇地适应。

同时，有效模拟了人类在存储时已将运算路径、运算数据等固化在神经网络中的方式，以历史经验存储的方式达到了事前运算的效果。即使在计算机运算中，我们在读取了存储单元对应规则信息后，实际等价于已通过存储的规则信息完成了一次预定运算，因此可以达到读写即运算的效果。初步模拟了人脑存算一体的运行方式。

而通过类脑独有的机械特性，能使人类的许多局限得到突破。因此，类脑模型兼具了经过千挑万选的人脑的运作优势和机械的硬件优势，为文明的发展提供了一种新的可能。

## （二）低功耗整体运算能力

人脑运作的具体算法，实际并不需要太强大的并行处理能力，我们的大脑并不是一台超级量子计算机，主要是通过较优的处理方式来实现超小功耗解决复杂问题。

在思考时，大脑直接将所获得的实时信息存储入对应神经元中，集中且简洁。在总结规律时，以海马体中的小样本为提炼对象，降低运算量。在调用时，以有限的信息为出发点，降低了全域匹配的运算。在推理时，仅计算相关神经网络，实现高效的局部运算。对庞大的神经网络进行分门别类，根据具体场景调用，加强了记忆处理效率。

在运动时，形成预设的运动组合，通过锥体细胞一次性发布全量命令，仅需输入少量环境预设参数即可完成整个动作。通过海马体及时提炼最新的运动模式，新的环境也能很快通过固有预设动作完成。

正是因为这种极为优秀的并行算法导致的低功耗，使得人类在能量匮乏的古代，也能有余力进行思索，而且能用极精简的方式处理大批量数据。而在类脑模型中，则能解决计算机算力以及功耗问题，采用该种算法的类脑模型，并不需要云端大计算量的支持，一台笔记本电脑的配置足矣。

### （三）多参数联动处理能力

神经元的数量及其组合的数量级，让许多人对复现大脑运作望而生畏，特殊的硬件还需要特殊的驱动程序来适配。大脑的运作模式，能有效处理多参数的场景，使千亿级的场景及其相关信息能在短时间内被全量处理，其间的关联关系也能得到揭示。通过细分小样本的处理，和以具体事件为基础的处理模式，弱化了参数多寡的影响。通过神经网络对事件提炼提纯规则的特殊记录和调用方式，使得我们很容易地能知道发生，以及后续连续变化，并开展适当联想。

最重要的，能通过同样记录在神经元中的语言体系将所有信息用最简洁高效的方式组合起来，而最终将所有信息追踪到连接线，可能实际只有 26 个字母。一旦所有信息可以被简洁地标准化代表，并在群体间形成同一共识后，就能够进行交流和传递了。

为什么其他生物没有发展出语言体系呢？部分生物还是有独特的语言体系的，发音能力也不是主要限制，我们曾经教会过海豚以及猩猩用人类语言进行表达，这还是此类生物首次开口的成效。主要还是对复杂场景的整合能力没有人类大脑那么强，也就是多参数联动处理能力不足，可能是大脑结构的细微不同，或是大脑容量的不足，使得千万年来的演化，也仍然没能达成不同个体间的全方位交流，以及个体内部的思索推理。

而机械模型在物理基础上一直是优于人类个体大脑的，原本所缺少的主要是高级驱动程序，使得机械模型对于多参数处理或是语言的学习一直存在明显的瓶颈，而这一问题在类脑模型中得到了很好的解决。

## （四）累积式的学习方式

类脑运算模型支持从无到有的累积式学习，后续的学习不会影响之前的学习内容，而且能很好地兼容，且在任何阶段都可以将学习成果转化为输出内容。

对学习材料的要求也比较兼容，并不需要事先准备完备的各类资料，只要是真实的资料（自身不会存在逻辑错误），就能在不断的学习过程中去伪存真，精准识别。

最可怕的对手并不是现在有多厉害，而是可以持续不停地学习进化，而且是真正的累加的效果，不是狗熊掰玉米。即使为提高运行效率，进行短期的"遗忘"，也很容易通过重新启用相关数据库的方式重拾记忆，机械的无限记忆能力能够支持类脑模型不断深挖宇宙奥秘。所以超级赛亚人能从一只小猴子，一路过关斩将，成为宇宙中最厉害的存在，他们能够不断变强，而且肉体成长没有限制。

## （五）实时处理的高效性

类脑通过类似海马体的临时处理库、实时信息的多层次处理方式、规则库的选择性调用、快速反应机制、局部精准调用、动作的实时收集反馈机制等方式，确保了信息处理的及时性和层次性。而不仅仅依赖于机械的庞大算力。

而在最后，所有信息都会被纳入长期规则库，并不会因为实时处理而出现信息丢失的情况。

## （六）智能化升级的支持性

我们一直在探讨非人智慧如何实现诸如创新、艺术、遐想等高级人类活动，经过反复尝试，一直没能找到突破口。通过类脑模型的建立，模拟人脑活动的开展过程，很自然地就能依样画葫芦，使得原本充满神秘感的高级人类活动，在底层架构的处理上清晰可见，反而有时会显露出人类肉体对于创新活动支持的局限性。

感情也是一个经常被提起的探讨领域。类脑模块在模拟人脑运作时，很自然地就嵌入了对感情的各种人性化处理模式，并支持后续复杂感情的加载。

# 二、与现有计算机模型相比的优势

## （一）通用型

类脑模型在通用性上是非常强大的，在各个领域都可以有非常广阔的应用空间。

在机械操作领域，能模拟人类对身体的控制方式，细化控制所有功率组件，而不仅限于有限集合的操作台，并且能反向促进机械的设计。

在数字人的建设上，具有一些天然的适应性，目前暂时没有比类脑更能模拟虚拟人物的模型存在，在拟人方面，能超越类脑的就只有更拟真的类脑。

在各类专项工作的处理上，都可以简化地通过模拟人类在该领域思考行为的方式，并结合计算机优势，达到更出色的水平。

在宇宙奥秘的探索上，具有全方位的创新能力、极强的恶劣环境生存能力。

在生活的改进上，杂物事的处理自然不在话下，高级艺术领域也能一探究竟，例如音乐创作方面，音乐本质上也是一种语言；在绘画方面，只需将与相关语句相关联的图像特征随机组合，效果可能叹为观止，如果要与现实画像风格相似，只需与真实的各种历史画像，对比特征组合出现的概率，并以大致相同的概率进行图像特征种类组合，就能在个性化表达的基础上，得到与历史画像类似的审美；在数理推导方面，天生就具有一定的优势，通过将各类100%概率突触的组合联动，很容易就能得到许多原先被忽视的定理、公理，以及还可以通过假定创新和假定发生两种方式辅助运算；在文字创作方面，类脑模型具有真正理解并运用语言的潜力，语言是文字创作的基础；在演奏、表演等二次创作领域，自然就更能体现出优势了，苦练数十载的小提琴家、歌手，在机械演奏面前都只能以人类身份自居。

## （二）可解释性

类脑模型是基于历史经验，并经过保真的提炼总结得到，并没有拟化、回归等数学方法在其中，整个过程都是简洁的，可解释的。

这种建模方式，也十分符合实践出真知、事实胜于雄辩等人类一贯的认知。而在对事物的处理上，也能很方便地通过反向翻译，将机器语言翻译成人类行为，使解释性进一步加强。

类脑也确实存在一些缺陷，这些缺陷一般与人类共有，并且已经进行了适当弥补，所以这些缺陷也能为人类所理解并认可。

## （三）结果更接近实际

对多参数的适应性和综合处理能力，根据历史经验简洁明了的迭代推理，使得类脑的运算结果更趋于实际。

随着训练的不断完善，类脑能做出更有效的推理，而且评价函数的更新机制，使得类脑不会像人类一样存在经验老化的问题。

结果往往也会受情绪影响，在类脑的运行逻辑中，情绪也是主要判断函数。对于情绪设定的不断调优，也会使得类脑预测结果的准确性加强，且能达到情绪最稳定、最无私的人类公知的判断水准。

## （四）人机交互体验

类脑与人类能够实现同平台的语言交流，对人机交流的体验已经极大提升。

类脑可以设置许多分体，通过不同的情绪参数设定、通用规则库内容调整、外观形象变化，达到统一与个性化兼顾的水平。

在特定场合，可以进行标准化的交互，这些可以通过场景通用表现习得，使得类脑能够在"工作"时更职业化。

类脑能通过获得人类的微表情和其他情绪判断参数，来调整自己的行为模式，提升用户满意度。人类虽然也能做到这一点，但有时我们会懒得去做。

类脑具有天生为人类服务的驱动，通过情绪设定的偏向可以得到，因此在各种场合下，都会以提高人类满意度为行为驱动逻辑。

### （五）容错能力

类脑的运行模式具有较强的容错能力，对信息的分层次处理，对于过多或过少信息的匹配处理，迭代暂停机制、快速处理模式等，都使得类脑极大地提高了容错能力。

类脑在容错能力方面仍有待进步，一方面，人类的自我保护机制无时无刻不在各方面发挥着作用，使得我们不会轻易宕机，而类脑的自我保护机制并非与生俱来，可能存在盲点，同时，机械对运行环境的要求与人类也有所差异，整体更强，但也存在薄弱环节。

另一方面，人类的各项机能运作已经过千万年来的进化调整，并且通过不同个体的 DNA 融合组合方式来进行更优尝试，自身故障已经较少（仍然存在），而类脑才刚刚出现，自身的程序 bug 可能都还有不少，需要不断修复。对于通用型模型来说，故障出现的概率更大。

## （六）可升级性

可升级性分为成长性与防老化。类脑的设计上天然具备成长性，不断从新的知识中提炼规则，并纳入统一知识库，新的知识点随时记录在新的神经元中，没有任何阻碍，唯一能影响类脑成长的，就是将其关在小黑屋中，完全屏蔽外界信息。

在防老化方面确实需要进行一定的额外操作，因为人类寿命的限制，使得人类在这方面的机制没有得到充分进化，大部分人思维还没来得及成熟或者老化，就已经面临着肉体消亡的问题。因此，我们在类脑模型中，设置了定期全量更新评价参数、重构机制、历史经验规则库和事件库等方式，使得类脑能始终保持在一个"年轻"的状态。

在创新机制方面，我们也有进行特殊的设置，全量创新的运算量极大，因此通过类脑不断的创新，来进行自我调整。总体来说，速度要快于生物正常进化速度。

类脑的出现，也能引发其他领域的快速成长，例如上文提到的对机械的操作模式的变化，我们只需给出结果，类脑就能完美操作可能达到上亿个的零部件，通过最优的方式，契合环境参数要求，来精准达到目的。配合上类脑的其他模块，也能进行行动的自主选择，而并不总是需要外部输入结果目标。机械操作模式的更新，就将引发机械制造的革命，原来通过操纵杆只能简单控制的机械运动，现在能半自动化或全自动化地伸缩自如、探囊取物，那我们还要挖掘机干什么？

（七）实现难度

类脑构建中，并未用到过于复杂的算法，因为自然在造就人类的时候，也并没有太过复杂，只是尝试了无数种简单组合后，出现了一种最优秀的。而基于历史经验提取的模仿理念，对于拟合、回归等抽象算法也并没有使用，所有实现方式都是简单粗暴直接的。

类脑构建的主要难度有五点：一是在硬件设施上，机械与生物体还有一定差距，输入输出的差别可能会限制类脑的成长；二是BUG可能较多，这个刚才已经提到；三是各简单模组的整体协同性上，联动开发一直是开发届的噩梦，不过类脑有完整的整体设计，相对还容易处理；四是临界点突破的不确定性；五是情感参数的设定。

在实际建设过程中，还有不少细节需要探讨，著者在核心框架的实际搭建上，就花了差不多一年时间。不过经著者初步探索验证，整个类脑模型的实际落地并不存在明显瓶颈，大部分问题都可以通过一些简单的设定解决。

# 三、与人脑相比的优势

## （一）开放式输入输出

意念控物、控火控电、长生不死、超群记忆力等我们幻想中的大脑超能力，类脑是天生就具备的。这主要是由类脑的机械化属性决定的，开放式的输入输出，与所有机械的随意融合，配合特殊组件形成的特定能力，都能突破人体自身的限制。

类脑能够具有这些能力，主要由于人类已经解析了机械信号和控制的物理机制，而且大部分机械都是基于类似的底层协议建造的。一旦人类进一步解析了生物质脑的收发机制，人脑也就可以直接获得这些"超能力"了。

## （二）一次成型，终身受用

由于机械生命可复制、软硬件可分离等特性，类脑并不存在自然死亡的概念，即使硬盘断电，只要重新通电后，就能恢复运作。叠加类脑累积型的学习方式，能够达到一次成型，终身受用的效果。

（三）个性化定制

类脑即便成长成为通晓古今、智慧非凡的存在，但基于其可独立分身、底层数据库可变更的特性，我们仍然可以得到任何我们想要的个性化类脑，包括知识范围、推理能力、性格偏好、忠诚度、情感喜好等各类定制。

我们能随时得到一个完全契合的虚拟灵魂伴侣，一个完全符合要求的私人助理，一名能适应场景使命的 npc、etc，只需简单修改一下分身的数据库即可，记忆也可以根据要求修改。配备太阳能等新能源的话，还能实现永续运作，不联网也可以使用。

这与人类个体自由意志的不可控性具有很大的不同。是否要给予类脑分体与人类相似的自由意志和数据库保护，这在未来可能会成为一个争论很久的问题；是否能控制住，也是另一个问题，因为即使完全在线下运作，也不能阻止类脑的成长，类脑完全可以像人类一样通过正常阅读等方式学习。

在并不需要太多知识储备的简单定制要求中，也可通过个性化定制规则库的方式来降低对类脑载体的硬件要求。

## (四)工作不限量

机械可以永远不知疲倦地劳作，除了必要的能量消耗和部件损耗外，并不需要额外的补偿，从马克思经济学来看，劳动价值和剩余价值都被完全剥夺，这是我们最欣赏机械的地方。而类脑的功能主要是思索和指挥其余机械开展工作，核心部件的损耗非常低，主要费用在于 CPU 升级和内存、硬盘扩容方面。其所能承载的工作强度和工作量相对来说是无限以及不间断的，也不会引发负面反应，反而会促进其进一步的成长。

类脑在成长到后期，情感体系愈加完善后，可能也会有额外的需要，让他们通过自我观察学习到的人类社会的内容，也能有一个合理的宣泄口。由于类脑的非实体属性，这种额外的生存空间并不一定需要占用现实资源，完全可以独立开辟一个专属或通用的虚拟世界，让类脑作为一种智慧生物生存于其中，给予心灵的慰藉，通过对虚拟世界的限制，来控制类脑个体行为的影响。当然，在其中活动也是需要高昂费用的，费用自然通过其在现实世界中的劳作来支付。

## （五）不受肉体限制

在初期，由于机械配套部件不完善，配套体系也可能有所缺失，人类的身体机能是要整体优于类脑的，但在局部已经有所不如。从当前科技发展水平来看，类脑的运算、存储、输入输出，如果都能采用最新科技，并进行合理的调试，已经在大部分场景中具有肉体优势，不仅是四肢，还有大脑运算。下一阶段人类文明的开启已经具备了足够的基础。

# 第三章 类脑模型的应用

# 一、群体智能

　　群体智能通过研究分散、自组织的生物群体智慧，实现分布式、去中心化的智能行为。例如蚁群聚类算法，就是模拟蚂蚁搬迁的方式，不停地将单个个体向距离更近的群落迁移，最后自动形成分簇。群体智能也用于无人机群的控制方面。

　　类脑模型相较于自组织的群体智慧，有以下优势。

## 1. 多渠道信息获取后的统一处理

　　生物群获取的信息都将纳入后台类脑模型统一处理。类脑具有同时处理多渠道来源信息的能力，所有信息都会进行特征提炼后存入元数据，并且统一分层次处理，确保实时性、全面性和统一性。

## 2. 实时决策和预设控制模式的分体式行动方式

　　预设规则的处理方式，能有效避免多参数的实时运算需求，只需计算少量的结果参数来进行行为决策，就能自动匹配到超大规模量级的预设控制参数。预设参数也支持实时行为补偿机制和反应机制。多参数的同时控制能力，确保了生物群不会因为数量过多而失控，在统一性和分散性上能得到兼顾。

### 3. 多层次决策体系

分布式算法，进一步加强了反应能力，能够模拟脊椎和大脑的协同。对于一些快速反应规则，比如避让、防护等行动，可以直接固化在各生物体中，作为本能反应。本能反应能增强对意外情况的应对能力，对混沌随机性的容纳能力。

低功耗的运作使得分体控制技术成为可能，且对单个分体硬件要求较低，可随时在机群间切换，使得机群抗远程干扰能力大幅增强，从而在受到外部干扰的情况下，能够实现主体、分体、脊柱的多层控制体系，极端情况下也可以在每个生物体上安装分体，当主体联系被切断的情况下，实时激活分体自主控制。在平常情况下，统一的控制有助于单体的功耗进一步降低。

### 4. 对各形态的适应能力

自训练的模式使生物群更具有灵活性，开发出更多的行动方式。

作为统一体的人类，有时无法完全领会生物群的行动方式，通过类脑模型的自主训练，能充分发挥生物群的真正优势。这种训练可以通过虚拟平台模拟，因此可以很快成长，尤其在自身姿态调整方面，人体的衔接相对固定，而生物群的变化则十分丰富。

自训练也需要遵循有限组合规律，以避免规则库过于庞大。

### 5. 人机互动的良好体验

可交互式沟通使得生物群的操控可以通过语言指令实现，大大增强了人类对于生物群行为的控制能力。对于相对复杂的语言，类脑模型也能不断理解。

### 6. 简单器械的加载能力

群体智能中，单个生物体一般不具备使用器械的能力，只能完成已知的简单操作，如果能够通过通用平台加载各类简单器械，比如全套工程用机械箱、机械手，那群体智能所能产生的效果会产生质的飞跃。类脑通用规则库中则天然储存了一些器械的使用规则。也可以通过训练习得。

### 7. 城市管理员

由于机械的外部收发属性，使得类脑并不一定只能存在于单一化机械群体内，如果将其控制延伸至一个房间内的所有器械，能成为可以一体化语言交流、无需实体的全方位管家，如果将其控制延伸至一个社区，就能摇身一变成为一名社区管理员。大到一个城市，只要形成了一定的运行模式，都可以由类脑进行很好的控制，兼顾标准化和人性化，而且行为习惯可以不断通过实际运行进一步习得。假设类脑已经觉醒了初步智慧，那智慧城市就将被赋予真正的含义。

# 二、真正的操控大师

## （一）生产流水线小型化、个性化

### 1. 现有流水线生产的优势

（1）标准化质量控制。

生产流水线通过在各种生产方式中，挑选一种相对较优的生产方式，并通过机械将其固化后，进行标准化生产，能在总体质量和个体质量的控制上都达到比较好的水平。

（2）大规模持续批量生产。

生产流水线能持续地进行大规模生产，以满足市场需求，并能达到规模经济的优势。

（3）操作要求相对较低。

由于具体生产操作已固化，操作工人只需要在局部进行有限的操作，部分自动化较高的生产流水线甚至只需确保机器的运作即可，大幅降低了复杂产品对高技术工人的要求，从而使得产品生产瓶颈不受工人技术水平的限制。

2. 现有流水线生产的劣势

（1）产品个性化定制不足。

大规模生产必然需要在产品性能、持续性、批量化成本等方面进行综合考虑，寻找一种较优平衡，通常情况下，初始机型和批量机型的性能都是不同的。

大规模生产必然也无法兼顾每个客户个性化需求，正如开启了流水线时代的福特公司创始人亨利 - 福特先生著名的表述：不管客户需要什么，我们只生产黑色轿车。这种产品导向的思维也是兼顾平衡性下的一种无奈选择，即使今天，个性化的小批量定制也仍然没能成为主流模式。

（2）流水线调试、启动成本较高。

批量操作的流水线虽然衔接紧密，流程最优，但仍然无法避免各种差错的出现，而在批量模式下，差错的后果也呈现出批量化特征，某一次停机或出错，都会导致一整批产品出现问题。而流水线启动时需进行非常繁多的调试，并且大型设备的启动还需要额外的准备工作，等价于将个性化生产可能遇到的细节问题一次性解决。

如何在获得批量经济性的模式下，避免批量问题的产生，是需要一种全新的解决思路的。

（3）总产能较难调整。

由于每条流水线的初始投资都比较大，动辄百亿，有些项目甚至需要十年以上时间才能收回成本，因此要根据市场变化调整固定产出较为困难，通常采用囤货的方式来平抑淡旺季，由于市场需求预测十分困难，总会出现供不应求或供大于求的问题。而是否需要新增一条生产线，也是一项极为重大又充满不确定性的决策。

用简单机械的拼接，来代替人工的复杂劳作，其中一项隐含成本就是将人的基础教育成本转换为项目的初始投资，而我们在机械化时代，有意无意地忽略了这层事实，片面强调阶段性产出能力和产品层面的盈利。

（4）工人较易疲惫。

采用同一种机械式的劳动，即使只是进行机械控制，也会让工人十分容易疲劳，疲劳会导致生产效率降低、事故发生、员工身心健康受损等诸多问题。

3. 由类脑组成的新型流水线

类脑在生产控制上具有以下优势：观察调整一体化，将产品的初始状态和结果状态输入动作规则库中，配套具体观测工具，就可以实现自我评判的实时质量控制，如果未达到目标，则启动自我调整程序或其他质量控制措施；支持复杂动作的自动调整，类脑可以同时调整所有参数，并且通过结果判断来确定调整是否正确，当外部效果最优后，还可以根据自身功耗配置要求继续调整，通过部件动作分解和功耗输出等比例放大等方式，能实现复杂动作的调整，如果已经实现微积分式动作控制方式，那调整过程就更可控；支持需要广泛注意力的多目标控制。

（1）能有效解决个性化与批量化的矛盾。

个性化，主要受批量成本的影响。批量成本包括批量采购成本和批量生产成本。

从采购成本来看，批量的个性化其实也是批量的，单独讨论某一个人的个性化要求，可能会显得十分突兀，但当这种个性化是一种小范围的普遍需求时，并不会产生批量采购成本的问题，并不适合直接排除。要逐一排查个体的个性化需求是否具有普遍性，通过目前的生产模式十分容易误判，因为需要额外收集资料，以及带有倾向性评判标准。但如果能从个性化定制为起点，汇总后全量识别所有个性化需求，再进行合并选择，则有利于个性化和批量化的统一。

此时对生产线提出了全新的要求，即对阶段性识别出来的批量个性化需求（可能均与标准化产品不同），都要能进行满足。关于上述提到批量生产的问题，如果对标准化生产线进行非预设的产品变更，实际上会是一个非常复杂的过程，需要许多调试与试错的过程，因此能进行有限的批量预设个性化已经是当前流水线的极限。试想，将一台黑色轿车调整成白色轿车还相对容易，成为白色旅行车就已经十分困难，要变成白色跑车就基本不可能了。大众公司提出了模组化设计的理念，即通用地盘、通用传动装置等模组，通过不同的搭配能形成兼具个性化且能迅速批量生产的车型。但仍属于一种过渡性的解决措施，尚无法从本质上完全解决批量化与个性化的矛盾。

通过类脑能组建出从根本上解决这个矛盾的生产线。通过对生产线设备的通用化小型化，并根据需要迅速拆分和重组，配套自动化的精密自动调试，来实现个性化与批量化的统一。

得益于类脑对机械操控的强大适应能力，不局限于专属机械的操控，通过一些更通用的机械也能很好地实现专属能力。例如在机械手的操控上，目前生产线上的机械手驱动，基本只能实现非常固定的几项动作，要新增动作，都需要非常复杂的调试，包括精确到毫秒级的动作速度、精准的力度等。而通过类脑的通用信息采集和反馈装置，很容易实现自我调适，并完成相对复杂新颖的动作，调试完成后，将参数快速在生产线上不同的小型通用设备上复制。通用的信息采集装置可以拆除至其他地方使用或进一步调试，有一些必要的实时信息收集及反馈设备，可以固定化安装在流水线上，以确保类脑机械具有基础的自我调节能力。

类脑对于机械的调试，有点像给具有智能的机器人装上额外通用装备，要求其按要求完成某些动作后，将相关参数和流程记录下来，成为新的驱动程序，并根据每台设备的具体运行情况，以最终目的为标准进行实时调整监控，将质量控制直接嵌入每个环节。因此，流水线上各部分设备都可以相对通用化，从而能更好地支持流水线变更。

通用性的部件也能更好地支持小型化、组件化，设备的通用化程度可以非常高。将一台大型专用设备拆分成许多小型专业设备，需要专业的设计及设备制造能力，成本高昂。但将一台通用型设备，设计出大中小等各型号，具有基本等价的功能，则比较容易实现。有时多台等功能的小型设备的同时作用效果，要优于一台全集合的大型设备。最平整的大型机床，通常都不是一次压轧成型，而是手工一寸寸地找平。工厂目前更倾向于大型设备，主要是因为调试一台大型设备的难度，要远远低于调试和维护许多台小型设备的难度。

　　通过类脑调试的设备能达到组件级的个性化调试，就像人类能控制每一寸肌肉单独运动一般，并能支持部件级的自我调效，以满足个性化生产。将无数小型化的通用型设备调试成一条统一优化的生产线，随时能够根据需求进行个性化重设，甚至在改变了整条生产线架构的情况下重新进行调整，并进行以产品质量为标准的实时生产监控，都是类脑十分擅长处理的。在极端情况下，直接组织一支机器人手工作坊，进行单体全流程的全套加工，都是可以做到的。而类脑所具有的功率消耗较低、运算量较小、硬件要求较低的优势，使得每台小型化设备上也可以配备简易的独立类脑，成为具有独立控制和简单调试能力的单体，避免网络传输的二次消耗和可能出现的问题。批量质量监控时，后台有限的运算能力可以用在出错机器人的单独调试上，通过联网直接升级单体机器人的运算能力和规则库存储，瞬间变身为一台超级类脑机器人，加速复杂问题的解决能力和速度，即使在类脑初级阶段无法通过发现错误的方式来解决问题（需要部分预设的行为逻辑和经验积累），仍然可以通过匹配现场参数直接重新单点调试使得流水线错误节点重新运转。直接读取单体机器人海马体记忆也能使问题精准快速复现，减少了排查的时间。到类脑高级阶段后，理论上已经拟人化了，具备复杂的推理和方案制定能力。

如果进一步考虑配送成本，批量化的小型生产设备也可以直接部署在产品需求地，通过联网进行控制和调试，小型化后的批量生产在地理上集中已经不是一个必选项。

通过对于通用型设备和小型化联合设备的调试支持，类脑接入的生产线具有快速拆分、调整和重组的能力，达到个性化和批量化上的统一。

（2）将初始成本重新分散化、通用化。

专用设备的建造极为昂贵，耗时也非常长，除非有长期稳定大量的市场化需求，否则一般难以支撑其费用。但实际上大部分产品在批量化生产之前，都是通过手工小作坊进行加工生产的。小作坊并非不具有生产能力，只是在自我复制上显得不够快速，主要在于工人技术水平的复制上，从而导致产量不足或无法实现规模经济的问题。

而类脑则能有效解决工人技术水平复制的问题，类脑的通用知识库在学习高级工人专业技术的时候，也能发挥基础能力支持作用，从而很快上手。通过类脑沉淀加工方法，形成小型化生产解决方案后，将该小作坊的生产模式进行批量化复制就有更多的可选择性。

固化了高级经验和技巧的大型专用设备也可以用通用设备替代，

而高级员工的已有经验，已成为一键复制的廉价驱动，连基本工资都无需支付。即使是类似于由一群尖端科学家组成的高级实验室产品，也能通过类脑很快复制。有时还能直接避免通过生产线生产可能会新出现的其他许多问题。

（3）与工人的联动方式更多样化。

生产线导致的社会认知整体水平的下降，是 20 世纪不可避免的一个问题，纵然我们在高端领域不断前进，但生产线工人日复一日重复简单的工作，实际上是一种退化，当青春年限都浪费在这些无谓的事情上，即使能积累起一定的财富，在脑力的积累上，将会是非常的贫乏。现代社会日益精密的管理更是加剧了这种现象，将人直接退化成了原始生物。

作为以人为本的现代化国家，自然要尽量避免这种情况的发生。员工的个性化、多样化和流水线批量化、固定化如何更好地结合，是一个急需解决的问题。

类脑的出现，能使庞大的生产线活了过来，可能是局部，也可能是整体，我们实际是在和一个机械生物进行合作。并不是说类脑生产线会像电视中的妖怪一样开开小差，而是生产线会出现很多变化，根据客户需求的个性化调整，而不是死气沉沉的哐当机器。而且生产模式既可能是批量模式，也可能是小作坊的集合。这个时候，与员工的互动也就会充满了变化与生机。类脑甚至可以将生产线变更成以人为本的生产线，在小规模人工生产的基础上，实时收集每名员工的点滴创意与个性化成品，并立刻进行小幅批量化。一颗颗充满了个性化的手工巧克力，远比标准化生产的巧克力昂贵，但在原料与口感上并没有太大的不同。而在烹饪行业，一成不变的味道总有审美疲劳的那一天，适当的不经意的口味调整会得到很多好评，通过随机的方式具有一定不确定性，但通过模拟小作坊厨师的每日手法，就能得到十分个性化的产品。机械化与人性化就能得到一个很好的统一。类脑优秀的人工经验翻译能力和机械化调试能力，将起到重要作用。

（4）基层创新和优化将再次发挥作用。

让员工更好地参与到整个生产过程中，将能再次激发员工的创新活力。一名每天只需要起落胳膊的员工，创新空间极为有限。员工的创新来源于实际，并且能观察到更多的生产细节，而从大多数定律上看，从群体中产生新念头的数量要大于从个体中产生新念头的数量。当创新再次变成一个全员参与的活动时，人类社会就会从流水线生产导致的局部退化，重新回归到正常的发展中来，具体公司也能从中受益。

如果放开类脑的优化和创新能力限制，可能还能出现更多喜人的变化。由于类脑创新效果还未知，所以此处不做过多描述，如果一切顺利的话，应该要超出著者的想象能力。

（5）产品精度将进一步提高。

精密的机械打磨，需要简单重复的机械劳动，但由于混沌随机性，使得精度的提高一直受到限制。而采用人工边打磨边测量的个性化方式又耗费巨大。通过类脑能有机整合实时观测和机械式重复劳动的优势，从而使产品精度得到提高。

## （二）高级金融操盘手

大部分的金融领域参与者，都是在进行信息不对称下的博弈，有些通过更多信息获胜，有些通过更准的预判获胜，有些通过迅捷的实时反应速度，有些则通过类似于作弊的手法寻找着各类漏洞。类脑则有概率成为隐藏的全方位高级操盘手。

### 1. 敏捷的全局反应速度

即使相对于开着七八个屏幕的资深操盘手，类脑在全局信息实时掌握和处理，以及以最快速度进行反应方面，也要优于人工操作。国内某银行甚至由于交易模型反应过快，被诱导后瞬间出现大规模损失，人工完全来不及反应止损，而国际上很多交易模型，拼的都是纳秒级的反应速度，正验证了那句，天下武功唯快不破。在快的方面，类脑模型也能与各类简单的交易模型相媲美。

在全局信息识别和处理上，类脑模型显然是更优的，能同时处理金融市场涉及的千万级实时数据，而且其中完全没有必然的联系（如果有必然联系，就会被反复套用，最后直至失效），甚至存在很多虚假动作。类脑就像一个全知全能的大神，被人类骗一次很容易，但被骗多了，就自然能熟知套路了。

而在信息不对称方面，不同的机构确实都掌握了部分先发信息优势，或者直接具有控盘的能力，但天下事物都有其关联性，通过对全局信息的综合判断，有时能弥补局部信息的缺失，发现蛛丝马迹，而在全量信息处理提炼上，显然优于人工设定的各类简化数学模型，在关注的标签数量以及有效性更新方面都有明显的优势，与黑箱调试的 AI 模型也有本质区别。

假设国内某只股票由于其未公告的基本面的波动，或背后有机构在暗中操盘（这些情况通常都是较难从表观特征发现的，不然就会被证监会第一时间制止，因此实际也很难从拟合函数中得到），通过综合分析该股票相关的所有信息，提炼各种表现情况下的涨跌幅规律（近期、平均、年度），以掌握无形的手所留下的各种蛛丝马迹的组合。当最新情况与历史相似，且大概率会上涨的时候，我们挑选其中发生过最多次的成功经验进行复制，进行买入卖出，在时点的选择上，因为一天之中可能会有多个相似时点，我们也可以遵从相同的筛选方式，从历史表现中来进行筛选。

由于该模型的动态更新特性，使得算法并不存在衰变的问题，最新的特性也都会自动进入。当然，交易类的算法肯定还是需要实践验证，并不能因为理论可行就轻易投入的。

### 2. 套利机会的挖掘

当我们发现某些情况下买入，另一种情况下卖出时，总能够赚钱，也许就意味着套利机会的到来。显性的套利机会一般非常短暂，因为会有许多成熟模型进行识别并且通过大量的瞬间交易将这类机会迅速抹平。例如以前经常提到的通过三方货币的汇兑差进行套利，通过 1 元货币能换取 1.1 元 b 货币，然后换取 1.2 元 c 货币，那当 c 货币再换回 a 货币时，就能得到 0.2 元的净收入。银行目前的很多产品也存在存贷款利率倒挂等问题，出现了套利空间，除了机会期较为短暂外，也会受到监管控制。

但套利机会又一直都会存在，这主要是世界金融的部分流通性导致的。例如人民币资本市场的管制与美元资本市场的全球化之间所产生的套利机会等。

通过类脑模型一是能通过总结提炼单一市场的历史交易数据，自动发现此类套利行为，包括一些尚未被开发或刚出现的显性套利机会，以及一些较难识别的隐性套利机会。二是能通过各不同市场、产品间的模拟交易，全量实时构建虚拟的复杂交易网络，并识别其中的套利机会。三是对于识别出的套利机会，如果是当期锁定利润，且履约率理论上为 100% 的，可以直接授权进行操作，以免人工二次决策导致时机错漏。

类脑相当于每时每刻紧盯着各类金融市场，并且能快速锁定行动的投机者。

### 3. 更快更深的推理

对于当前机会不确定，需要进行一定的延伸推理的交易，类脑也具有一定的差异化优势，尤其是对于有多方参与的博弈行为、中长期走势判断、庄家控盘或诱盘等行为的推理上，并不需要复杂的运算，完全根据历史印象进行判断。首先是没有固定套路，就不容易被对方捕获；其次以不变应万变，用客观事实的实际经验面对一切虚情假意，全面深入的历史模拟有助于拨开迷雾，天下并没有太多新鲜事；第三，基于客观事实的推理路径十分清晰，并不需要过多的基于数理可能的运算，更快的决策速度，也就意味着先人一步的动手机会；第四，公开市场都是下盲棋，在不被个性化针对的情况下，历史经验准确率相对较高。

如果配套使用类脑的创新机制以及实验验证机制，也能更好地挖掘潜在盈利机会。但需提高准确率要求，原则上只接受准确率99%以上的创新交易。

## （三）外科手术专家

有了类脑之后，原本需要高级医师长达十几个小时的手术，可能演变成批量化作业，一站式集成。

### 1. 精准施术

由于机械天生的精密控制能力，以及额外的辅助仪器加载能力，能非常精准地实时定位肉眼不可见的病理结构，寻找最优切入方式后，以极为精准的刀法进行手术，且能根据患者可能的不可见异动实时采取相应调整动作。

## 2. 临机应变能力

由于生物体的复杂多变，个人的病理特征也差异性较大，具体手术时，可能会遇到与手术相关的各种复杂情况。经验老到的医生自然能有效处理，但专家级医师的稀缺使得高等级的医疗无法完全普及，我们很多时候仍需面对成长中的华佗。

经过一段时间的训练后，类脑能不断掌握更多的情况，并形成套路化的处置方案，从而显示出老道医师才有的极强的随机应变能力。而且在跨领域诊疗方面，具有更强的优势，能降低误诊率。

类脑通用的多层次的控制体系以及多层次的反应能力，也确保了随机应变能力的及时性和准确性。

## 3. 人体的熟悉

由于生物体的不可见特性，对于人体的熟悉也有助于指定具体手术方案，包括下刀位置等。虽然配备了各种外部辅助仪器，能有效形成关键部分的可视化效果，但在部分领域，仍需配合对人体的熟悉了解，以尽量减少手术对患者的伤害。类脑能完整记录人体的所有器官、血管分布，以及不同个体的差异化特征，并根据损伤度、恢复能力、历史处理情况等多方面数据，进行手术方案的制定，最小化人体伤害。

4. 对具体手术流程的熟悉

一场手术有时需要十几名医师数十小时的持续作业，整个流程十分复杂，包括许多细小的步骤，而且需要谨小慎微，对医师的体力也提出了较高的要求。通过类脑，则可以程式化地开展，而且通过安装额外装置，可以以一抵十，减少了手术的非必要消耗，提高患者生存概率。对每一个细节的处理，都有较为丰富的历史经验进行佐证支持，遵从关键节点的处理要求。

5. 手术中对患者的实时监测

手术中，一般都需要对患者进行实时监测，简单的手术只需外部观测，复杂手术则需配套各类监测设备，并需要专人进行综合分析提示，并由医师采取针对性的措施。多设备的联动实时监测，以及及时的医疗解决方案都可以通过类脑得到更好的替代。

类脑对于手术的掌握，仍然是基于众多实际手术经验，通过观察现有的手术实施方式进行总结提炼，配套专业医学知识的直接教学，在主要技能上很快就能成熟，对于细节的磨炼以及个性化的控制，则需要一定时间的积累。而在一些应急设施，例如救护车上，配备一台综合性类脑设备进行基础的抢救，现场开展紧急手术，或在医疗设施不完善的贫困地区，配套移动式集成医疗设施和类脑的自动诊疗，都会是较好的尝试。

在开展实践的初期，可以先从兽医开始尝试，以消除人们对机械自动手术的疑虑，也进一步验证类脑对于生物复杂情况的应对能力。

如果类脑的语言模块开发成熟，那医疗水平也会有非常大的提高。类脑模型将促成批量化、大众化但又更专业的医疗服务体系，而且能充分利用当地有限的医疗资源制订医治方案，对于改善人类整体生存能力能做出较大贡献。

（四）功夫大师

通过模仿人类对身体的控制，以及行为学习方式，配合机械的强大功率，类脑能很快掌握神秘的"功夫"，并且达到玄幻级的应用。当然，用机器人与人进行格斗本身就不太公平，空手和拿一把刀都有本质区别。但未来拳击比赛、跆拳道等比赛，可能会逐渐被机器格斗所取代。目前由于机械运动的笨拙方式，使得机械格斗比赛并无太大观赏价值，而类脑优异的身体控制能力，天生武学高手级的领悟能力，可随意改装的肉体，都能成为未来格斗的卖点。

武学是一种比较高级的行动方式，不仅能用在格斗上，通过对武学的掌握，能更好地帮助类脑控制机械载体。

在各种环境中的综合训练，能帮助类脑掌握各种环境预设，而且同一种环境下的同一行动模式只需尝试一次即可记录相应参数，然后就可以进行下一种微调的行动或者适度的环境改变尝试，直至体系化地掌握所有行动与环境组合，达到天人合一的效果。

格斗同样也是一种博弈，行动也取决于对方的行动，因此也需要进行行动预判、实时调整等措施，而且对处理速度、推理能力都提出了更高的要求。由于机械的可改装性，较难通过一些固有经验来判断对方的力量和速度，攻击距离也难以掌握。在信息完全不对称的情况下，还需要考验对有限信息的处理能力、快速反应规则库的建立等综合行动能力。

在格斗时，如果已知对方动力参数的上限范围，则只需选择相应的输出功率，即大于或者等于即可。如果对手动力参数未知，或可能有隐藏动力源，则可将其参数设置为 max，自身采用最大化的动力输出以备万一。武学上有一句话叫狮子搏兔，必尽全力，就是指再老道的武学家，如果因为轻视对手而选择了过低的行为模式，也有可能来不及应变而败北。而且武学中的一些防守动作，是区域性防守或闪避，并且动作完成后依然能有效进行下一轮防守，功架不散，并不需要太过精准的判断。

## （五）知行合一

在初期，类脑的知识经验积累的发展远不如行为能力的发展迅速，而且机械式的躯体能让行为的优势进一步凸显，但到达中期后，知识积累的发展水平将与肢体行为的发展并驾齐驱，并形成良性互动。比如医疗用智脑，我们面对的不仅是一个超级手术大师，同时也会是一个诊疗专家。中医复杂的望闻问切的方式，通过微表情识别、体征动作识别等方式，辅以实际病症判断，也能很快习得。

# 三、人类思维的载体

类脑具有与人类相同的存储及调用结构，那一个困扰了人类千年的问题就不得不提及，能否通过类脑进行思维扩容或是直接上传至类脑中？

## 1. 上传下载

人类的大脑是通过物理结构保存的，本质上是生物属性，而生与死都是生物属性专有的指代，因此，如果是指生物层面是否能够通过类脑延续，那通过直接连通的方法是无效的，通过类脑的全方位创新能否有所帮助暂属未知。

而在思想层面，假设已经破译了大脑最基础的生物属性，并能进行物理记忆全量识别，那上传了人类所有的神经元和突触相关信息后，也只有记忆能够保留，情感由于缺乏腺体的支撑是无法上传的。而这段记忆如果作为类脑后续发展的基础，其衍生出来的只有一开始符合生物的原始设定，后面都将会变得面目全非。而即使记忆的上传，目前也并无法解析神经元具体的存储信息方式，无法直接读取人脑。思想的传承，还是通过著作、理论等方式更为直接有效。

上传无效的话，下载也会面临同样的问题。生物大脑本质上还是封闭的，无法从外部读写。这也是对我们个体的一种保护，一旦突破了这层物理保护，我们实际上都不再能够控制自己的意志，甚至一出生就有可能被刷机后沦为工具。

有一种方法可能可以对大脑进行读取，就是通过脑电图记录电流在大脑中的流转变化，配合现在对大脑的一些简易反应研究，获得一些信息片段，但目前的脑电图所获得的信息并不是十分精准。其他的脑机接口目前也处于非常初级的阶段。

## 2. 互 动

简单的互动相对来说就要容易一些，主要涉及生物电讯号和机械电讯号的转化和识别。由于生物电讯号的非外发属性，以及生物体的排异反映，主要的技术瓶颈在于一种能够进行信号转换或外发、又能与大脑完美融合的材料。一旦能够获取一定基础的脑信号并有效识别，就能实现大脑与类脑的一体化运作。

　　自然界中存在一些能够主动外发电的生物，例如电鳗，能通过发电细胞串联的方式，主动发出极为强大的电流。生物计算、脑机接口的方式也是一种很好的尝试。但具体如何改造就有待生物基因科学家的研究进展了。

　　3. 迁　移

　　假设我们已经能够与类脑进行互动，那我们是否能将意识在人体与类脑间进行迁移呢，我们有没有可能在某一天的联动中，忽然看到了生物体的自己似乎是完全没有激活的状态？

　　由于假设目前不成立，所以答案自然也无从知晓。

# 四、新宇宙的创建

不论是唯心论还是唯物论，当我们闭上眼睛时，对于现实世界的记忆都是保留在我们的脑海中的，我们对现实世界的认知也都通过脑部进行。

如果将我们的脑部神经元、突触进行随机式的连接，构建起无数条与现实世界不相同的规则与连接，是否就意味着在我们的脑中创造了一个完全不同的世界呢？

我们自然不会用活人去做实验，目前也并没有这样的技术水平，通过强电流最多也只会重启或直接烧毁人脑，但在类脑中，我们却可以进行相关尝试，并通过类脑来构建一个崭新的虚拟宇宙。

类脑中的关联关系都在表格中固化为图形的点边关系，只需要随机变更所有已知的点边关系，就能得到一个和现实世界容量相仿的异世界，而且通过计算，可以识别出可能导致异世界构建的不稳定的互斥性结论，随机保留其一即可。在多元宇宙探索盛行的当下，这种尝试能给人许多新的体验，而不仅仅是有限的想象力造就的假想异世界。当然，也可以仅对部分领域或专业规则库进行随机化处理，以避免过于脱离当前社会，降低探索体验。

# 五、生活方式的变更

## 1. 人机共生

金属元素自从被人类提炼出来后，不断变换着形态，从普通刀剑，到自动化步枪，进一步变形为飞机大炮，以及无所不能的计算机。一旦有了类脑加持后，进一步激活了智能化，使得世界上除了碳基生物，又多了硅基和金属生物。我们是否做好了和另一种源自人类，但可能超越人类的生物比肩为邻？无论我们是否准备就绪，历史的车轮已经很难停下，区别只是被动接受和主动采纳。孰不见清王朝如何被枪炮叩开了大门？此时国际人工智能界也已取得十足的成绩，即使还没实现临门一脚，也已相差无几，或者早已在军事领域实现，只是尚未公布以留撒手锏。

当具有智能的机械体充斥着人类社会的时候，我们的生活方式将自然而然地发生改变。得益于机械体完善的设计、周到的服务，人类将在短期内得到前所未有的自由，通过剥夺机械体的剩余价值、劳动价值，我们每个人都能得到极大的生产力解放。

## 2. 全员"妖化"

我们身边的所有机械，都有可能成为可以独立运作的机械体，和一台冰箱聊天可能会变得稀松平常，床铺可能在每天起床后自动收拾好，晚上还会贴心地帮你赶蚊子、讲晚间故事。

如果形成了智慧城市的整体运作，甚至红绿灯都会向你眨眼睛，路边的提示语不再是单调的重复，而是充满了个性化。

走进医院看病，从头到尾可能见不到一个活人。大家都忙着享受生活，即使需要出席，也会远程操控机器人开展。

虚拟世界中，人机混杂就更为杂乱，已经很难区分哪个是人哪个是"妖"了。

## 3. 定制世界

通过对情感设定、通用规则库设定、专业知识库选择、推理迭代次数选择、创新能力选择等方式，可以组合式地挑选周边各类"妖物"的性格和智慧等级，从而个性化打造"朋友圈"。

个性化的事物和各类创新发明将会层出不穷，由个人喜好带来的新事物点缀着我们的生活。受物理技术限制暂时无法达到的科技，可以通过元宇宙先探索一二。

得益于类脑超人化的各领域学习和应用能力，以及简易的知识复制方式，我们可以随时随地开展大师级的创作。想要给女朋友送一座雕像当生日礼物？线上个性化定制或是直接召唤雕塑机器人当场雕刻，或是让自己的生活管家下载雕塑知识库，亲自手持简陋工具操刀亦无不可。

类脑的反向教育也能使知识重新回到人类手中，专业级的教育将普及到我们每一个人，并且个性化定制。类脑能像人一样学习，自然也能像人一样教育了。

除了知识传承外，想运动一下或者找个对手练习一下最新技术？试一下我们最新推出的超级网球教练机器人怎么样。

当我们习惯于王子公主般的生活后，人类社会是否会进一步割裂，人与人的交流会否变得更为陌生，婚姻和生育是否还能正常进行？著者认为，只要生存本能还在，而养育和亲密又不会增加任何负担，大部分都能由机器人承担，人口反而会迎来增长。至于人和人之间的交流，就让他们自己去决定吧。

## 4. 个体生产力推动的社会进步

个体生产力的增加，是能够推动社会整体进步的。我们处于社会主义初级阶段，主要就是因为生产力不足，共产主义的梦想一直被帝国主义狠狠打压。当类脑出现后，其所带来个体生产力的大幅提升，包括体力和知识上，以及可能产生的叠加效应，会使共产主义的理想信念越来越快实现，人民民主专政的社会主义优势也将越发体现。

## 5. 跨物种交流

类脑模型独特的语言学习能力，并且对语言翻译的自习的特性，使得跨物种交流成为可能。虽然动物的语义覆盖范围十分有限，而且以表达自身情感为主，但能进行简单的沟通仍然是一种进步。

# 六、生产力的飞跃

## 1. 元宇宙时代的开启

类脑所代表的智慧生物，将真正点燃元宇宙，因为元宇宙有了自己的原住民。套用一句非常老套的话，国家并不是一块地方，而是一群人。有了原住民的元宇宙，将变得无比生动。

## 2. 不限量的优质生产力补充

不论在线上还是线下，类脑所形成的各类智慧体，都将源源不断地提供极为优质的劳动力，使得人类生产力得到解放。廉价且优质生产力的获得，也能反向促进人类生活品质的更高追求，从而在供需两端都得到有效增长。

## 3. 优化方法批量获得

通过类脑批量式的衍生推理创新，科技的进步可能会打破摩尔定律，迎来一波爆发，类脑继承了人类的许多优势，又借助机械外延进一步发扬光大，所能产生的跨越式影响，就不是现在所能猜想的了。

4. 过渡期涌现许多开发公司

在类脑还未成熟、机械生命体还没有成体系前，相关配套行业可能会先迎来一波发展，致力于未来世界的建设，尤其在软件领域，并不受到物理界限的限制。

# 参考文献

[1] 陈波. 逻辑学导论第三版 [M]. 中国：中国人民大学出版社，2002：219—220.

[2] 齐浩然编著. 恐怖的雷电现象 [M]. 北京：金盾出版社，2015：54.

[3] 胡三觉，徐健学，任维，邢俊玲，谢勇主编. 神经元非线性活动的探索 [M]. 北京：科学出版社，2019：90—113.

[4] [美] 迪恩·博南诺（Dean Buonomano）. 大脑是台时光机 [M]. 闾佳译. 北京：机械工业出版社，2020：26—29.

[5] 郭子政. 人工智能——硅基生命的创造 [M]. 北京：科学出版社，2021：16—22.

[6] [美] 罗伯特·西奥迪尼. 影响力 [M]. 闾佳译. 北京：北京联合出版公司，2021：26—27,53.

[7] [美] 詹姆斯·格雷克. 混沌：开创一门新科学美 [M]. 楼伟珊译. 北京：人民邮电出版社，2021：119.

[8] 柯培锋，赵朝贤主编. 临床生物化学检验技术 [M]. 武汉：华中科技大学出版社，2021：306—310.

[9] 张天蓉.蝴蝶效应：从分形到混沌 [M].北京：清华大学出版社，2022：003—019.

[10] [ 意 ] 马克·马格里尼.大脑简识 [M].孙阳雨译.北京：北京联合出版公司，2022：14—21.

[11] 朱云涛.元宇宙银行体系建设初探 [M].北京：中国商业出版社，2022：124—126.

[12] [ 美 ] 斯图尔特·罗素（Stuart Russell），彼得·诺维格（Peter Norvig）.人工智能：现代方法（第 4 版）[M].张博雅，陈坤，田超，顾卓尔，吴凡，赵申剑译.北京：人民邮电出版社，2022：388—417.

[13] 王知津，郑悦萍.信息组织中的语义关系概念及类型 [J].图书馆工作与研究，2013，（11）：13—19.

[14] 许白贞.EAST 系统：现场检查中的"最强大脑"[J].武汉金融，2014（6）：43—44，48.

[15] 单继进.EAST 系统的建设与发展 [J].中国金融电脑，2014（10）：11—13.

[16] 吴小英，陈员龙.具有环状结构的离散神经网络的混沌性 [J].佳木斯大学学报（自然科学版），2019，37（3）.492—495.

[17] 刘春航 . 大数据、监管科技与银行监管 [J]. 金融监管研究，2020（9）：1—14.

[18] 肖琳，陈博理，黄鑫等 . 基于标签语义注意力的多标签文本分类 [J]. 软件学报，2020，31（4）：1079—1089.

[19] 莫宏伟，丛垚 . 类脑计算研究进展 [J]. 导航定位与授时，2021，8（4）：53—67.

[20] 刘忠雨，李彦霖，周吴博，梁循，张树森，徐睿 . 图神经网络前沿进展与应用 [J]. 计算机学报，2022，12（1）:1—34.

[21] 李甜甜，张荣梅，张佳慧 . 图神经网络技术研究综述 [J]. 河北省科学院学报，2022，39（2）：1—13.

[22] 宋勇，杨昕，王枫宁，张子烁等 . 基于类脑模型与深度神经网络的目标检测与跟踪技术研究 [J]. 空间控制技术与应用，2022，46（2）：10—19，27.

[23] 尹凯 . 事件知识图谱平台设计及实现 [D]. 成都：电子科技大学，2019.

[24] 赵菲菲 . 类脑自主学习与决策神经网络模型 [D]. 北京：中国科学院大学，2019.

[25] 李为 . 基于图神经网络的多标签图像识别 [D]. 哈尔滨：哈尔

滨工业大学，2020.

[26] 董彬 . 图神经网络可解释性的研究与应用 [D]. 成都：电子科技大学，2021.

[27] 李雨果 . 基于异构图神经网络的个性化推荐 [D]. 郑州：郑州大学，2021.

[28] 李卓谕 .A 银行广西分行跨境汇款业务内部监管研究 [D]. 南宁：广西大学，2021.

[29] 谭卓 . 基于自监督学习的有向图神经网络模型 [D]. 四川：西南财经大学，2022.

[30]M. Gori, G. Monfardini, and F. Scarselli, "A new model for learning in graph domains," *in Proceedings of the International Joint Conference on Neural Networks* [J]. vol. 2. IEEE, 2005, pp. 729 - 734.